KUNSTWERK ERDE

SATELLITENBILDER AUS DEM ALL

KUNSTWERK ERDE

SATELLITENBILDER AUS DEM ALL

DLR

GEO

FREDERKING & THALER

Ein Buch der Partner DLR, GEO und FREDERKING & THALER

Herausgeber: Deutsches Zentrum für Luft- und Raumfahrt (DLR)
Projektteam des DLR: Robert Meisner (Leitung), Franz Pätzold und Nils Sparwasser, Oberpfaffenhofen
Satellitenbilder: Copyright © siehe Bildnachweis (u. a. S. 212 bis 243)
Buchidee: Gert Frederking & Robert Meisner

Texte: Priv. Doz. Dr. Stefan Dech, DFD (Deutsches Fernerkundungsdatenzentrum des DLR), Oberpfaffenhofen
Dr. Robert Meisner, DFD, Oberpfaffenhofen
Dr. rer. nat. Ulf Merbold, Köln und Amsterdam
Dr. rer. nat. Ulrich Walter, Böblingen
Peter-Matthias Gaede, Chefredakteur GEO im Verlag Gruner & Jahr, Hamburg
Bildlegenden: Franz Pätzold, DFD, Oberpfaffenhofen
Umschlagbild: Adelheid Craubner, DFD, Oberpfaffenhofen

Umschlaggestaltung: Petra Dorkenwald, München; aktualisiert von coverdesign uhlig, Augsburg
Herstellung: Bettina Schippel
Druck und Bindung: Editoriale Bortolazzi-Stei S.r.l., Verona

Die deutsche Nationalbibliothek verzeichnet diese Publikation in der Deutschen Nationalbibliografie; detaillierte bibliografische Daten sind im Internet unter http://dnb.ddb.de abrufbar.

ISBN: 978-3-89405-961-3

Printed in Italy by EBS, Verona

Inhalt

Vorwort

Für den ersten bemannten Raumflug der Amerikaner an Bord der Mercury-Atlas-6-Raumkapsel überredete John Glenn die NASA, ihm die Mitnahme einer Kamera in den Weltraum zu gestatten. Das war 1962. Seither ist keine NASA-Mission mehr ohne Kameras an Bord in den Orbit aufgebrochen. Die faszinierenden und Emotionen weckenden Bilder, welche die Astronauten aus der Umlaufbahn zurückbrachten, gingen um die Welt und wurden seither in zahlreichen Büchern und Magazinen veröffentlicht. Sie zeigen eine verletzliche, komplexe und sich durch den Eingriff des Menschen rasant verändernde Erde, die nur durch eine hauchdünne, bläulich schimmernde Hülle – die Atmosphäre, ohne die es kein Leben auf der Erde gäbe – geschützt wird.

Schon Sokrates hat vor knapp 2500 Jahren die tiefe Bedeutung einer Sicht von oben auf die Erde erkannt: »Der Mensch muss sich über die Erde erheben, bis zum Außenrand der Atmosphäre und darüber hinaus, weil er nur dann die Welt verstehen wird, in der er lebt«. Diese Erkenntnis hat sich mehr als bewahrheitet. So haben die modernen Fotografien aus dem Weltraum dafür gesorgt, dass die Erde in ihrer Gesamtheit zum Forschungsobjekt wurde, und gezeigt, dass menschliche Eingriffe an einem Ort vielfältige Auswirkungen haben und globale Veränderungen bewirken können.

Eines jedoch können die Bilder aus dem Weltraum bei aller Ästhetik nicht: Sie können nicht substanziell zur Beobachtung und zur Analyse des komplexen »Systems Erde« beitragen. Fotografien zeigen nur Ausschnitte der Erde. Um die stetigen Veränderungen auf dem Festland, in den Ozeanen und in der Atmosphäre zu beobachten, brauchen wir ständige Beobachter im Weltraum, künstliche Erdtrabanten, gespickt mit modernster Sensorik, die den Geowissenschaftlern kontinuierlich Messdaten aus jedem Winkel der Erde und zu jeder Zeit liefern. Das, was die heutigen Sensoren an Bord der verschiedensten Satelliten messen, geht weit über das hinaus, was in den Bildern der Astronauten zu erkennen ist. Das liegt vor allem daran, dass Erderkundungssensoren auf Satelliten weit mehr »sehen« können als das menschliche Auge, zum Beispiel Infrarot- und Wärmestrahlung, ultra-violettes Licht oder Mikrowellenstrahlung. Und das zum Teil durch Wolken hindurch und auch bei Nacht.

Mit viel Fachwissen und modernster Technik messen wir so die Ozonschicht, erkennen die Ausbreitung der Wüsten, sehen die Vernichtung der Regenwälder, bestimmen die Wellenhöhe und die Schadstoffbelastungen der Meere und liefern Planungsdaten für die Landwirtschaft und die Telekommunikation. Dabei gibt es einen großen Vorteil: Satelliten

Deutsches Fernerkundungsdatenzentrum
in Oberpfaffenhofen bei München

arbeiten flächendeckend, regelmäßig, unbestechlich und für jeden reproduzierbar.
Das Deutsche Zentrum für Luft- und Raumfahrt (DLR) ist das Forschungszentrum für Raumfahrt in Deutschland und gleichzeitig die nationale Raumfahrtagentur. Das Deutsche Fernerkundungsdatenzentrum (DFD), eines der vielen Institute des DLR, empfängt, verarbeitet und archiviert die Daten von etwa 30 internationalen Erdbeobachtungssensoren und stellt diese der Öffentlichkeit und den Nutzern aus Industrie, Wissenschaft und Behörden zur Verfügung. Unsere digitale Fernerkundungs-Datenbibliothek ist in einem der größten Archive für Satellitendaten weltweit in Oberpfaffenhofen bei München untergebracht.
Alle Daten, sofern sie nicht mit kommerziellen Beschränkungen verbunden sind, sind über das Internet verfügbar.

Da die komplexen Systeme im Weltraum keine Bilder – wie sie in diesem Buch zu sehen sind – sondern physikalische Messdaten liefern, mussten durch zeitintensive, vielschichtige und kreative Arbeiten verschiedenster Wissenschaftler auf der ganzen Welt aus den Daten die »Kunstwerke« dieses Bildbandes erstellt werden. Sie gestatten Ihnen eine Ansicht unseres Planeten mit einer ganz eigenen Ästhetik und Faszination. Die Bilder gehen weit über die Darstellungsmöglichkeiten der Fotografien der Astronauten hinaus.

Wir haben uns auf den Weg gemacht, um für dieses einmalige Buch die besten Satellitenbilder der Welt aus den größten Erdbeobachtungs-Zentren zusammenzutragen.

Gewinnen Sie neue Einsichten durch neue Ansichten.

Unser Dank gilt an dieser Stelle den vielen Kolleginnen und Kollegen der folgenden Einrichtungen und Firmen, ohne die dieses Buch nicht realisierbar gewesen wäre:

Earth Resources Observation Systems (EROS) Data Center des United States Geological Survey (USGS, Sioux Falls, South Dakota); National Aeronautics and Space Administration (NASA) Goddard Space Flight Center (GSFC, Greenbelt, Maryland); NASA Jet Propulsion Laboratory (JPL, Pasadena, California); Chinese Remote Sensing Ground Station (CRSGS, Peking, China); Space Imaging Co., Thornton, Co, USA; National Remote Sensing Agency of India (NRSA, Hyderabad, Indien)/Department of Space; AsianCenter for Research on Remote Sensing (ACRoRS, Bangkok, Thailand); Radarsat International, Richmond, Canada; Canadian Centre of Remote Sensing (CCRS); European Space Agency (ESA, Paris/Frascati); National Space Development Agency of Japan (NASDA, Tokio); Gesellschaft für Angewandte Fernerkundung (GAF, München); National Oceanographic and Atmospheric Administration (NOAA, Washington D.C.) u. a.

Oberpfaffenhofen, im Juli 2001

Stefan Dech
Direktor
Deutsches Fernerkundungsdatenzentrum des DLR

Robert Meisner
Leiter Marketing & Medien
Deutsches Fernerkundungsdatenzentrum des DLR

Computermodell des Satelliten ENVISAT
Foto: ESA

Das neue Bild der Erde

Wann ging der erste Mensch über die nächste Hügelkuppe; wann erkletterte er den ersten Berg, überquerte den ersten Fluss; wann stach das erste Boot in See, wurde der erste Turm gebaut? Auch wenn wir das nie herausfinden werden – dass die Geschichte der Menschheit eine Aneinanderreihung von Horizonterweiterungen war, wissen wir. Und wir wissen, ab wann dem Menschen die Fotografie dabei behilflich war, die Sehnsucht nach Überwindung seiner erdgebundenen Perspektive zu stillen. Es war 1858, als eine Kamera an einem Ballon über der Stadt Paris aufstieg, um das erste Luftbild der Geschichte festzuhalten, den ersten konservierbaren Überblick. Die Befreiung unseres Weltbildes von der Augenhöhe. Eine Sensation.

Anderthalb Jahrhunderte später haben Fotografen fast alle Winkel der Erde von Flugzeugen und Helikoptern und Ultraleichtfliegern aus erkundet. Die Zahl der Urlauberfotos, die über den Wolken und beim Anflug auf das Ferienziel entstanden sind, dürfte niemand zu schätzen vermögen. Die Oberfläche der Welt ist offensichtlicher geworden. Und ein Magazin wie GEO, im Untertitel dem »Neuen Bild der Erde« verpflichtet, entsendet die Profis mit der Kamera immer häufiger, immer tiefer in die Mikro- und Nano-Welten, in den Kosmos des mit dem Auge kaum Sichtbaren, in das Reich der Forschung. Und doch: Es gibt nicht nur dort Entdeckungen von neuer Dimension zu machen, wie das vorliegende Buch bezeugt. Auch die Erde selber ist immer noch eine großartige Entdeckung, ein Ereignis – wenn man sie so sehen darf, wie es bislang das Privileg von nur rund 400 Männern und wenigen Frauen war. Denn mehr sind es noch nicht, denen es bislang vergönnt war, die wohl grandioseste Form eines Heimatfilmes mit eigenen Augen zu schauen.

Das *Kunstwerk Erde* vereint zwar »nur« Bilder, die von unbemannten Erdbeobachtungssatelliten geliefert worden sind, gleichwohl versetzt dieses Buch den Betrachter in die Perspektive jener Astronauten und Kosmonauten, die sich nach dem Stress des Raketenstarts zum ersten Mal zum Fenster ihres Raumschiffes bewegen und dieses weißblaue Schmuckstück Erde, das sie in 90 Minuten einmal umrunden, in der schwarzen Unendlichkeit schweben sehen – umgeben von einem hauchdünnen, bläulichen Saum, jener Gashülle, die unser Leben überhaupt erst möglich macht: der Atmosphäre.

Türkisblaue Korallenriffe, Sandstürme, Gletscherzungen, die Lichter eines Kontinents bei Nacht, 16 Sonnenauf- und -untergänge pro Tag – John Glenn, der erste US-Amerikaner im

All, hatte nur eine Billigkamera und drei Filme dabei. Seine Nachfolger bannen das neue Bild der Erde mit wesentlich besserem Equipment. Ihre Emotionen aber dürften die gleichen geblieben sein: ein Strudel aus Begeisterung und Demut. Dessen Durchschnittsdauer, so der Kosmonaut Oleg Makarow, liege zwar nur bei 42 Sekunden. Aber auch sein Kollege Walerij Poljakow, 438 Tage im All, konnte seinen Blick nicht lassen von dem, was er da siebentausend Mal umkreiste.

Dabei sah er nicht einmal alles, wie wir Bodenverhafteten es nun sehen. Wiesen und Wälder etwa präsentieren sich Kosmonautenaugen wie Satellitenkameras in Grau. Erst eine Nachbearbeitung der aus dem All gesendeten Daten verleiht den Porträts der Erde ihren »überauthentischen« Charakter. Und kein Grund anzunehmen, dass dieses Bild unseres nun vollends überschaubaren Wohnortes nicht in Zukunft noch präziser, noch detailreicher, noch »intimer« werden wird; Tausende Satelliten kreisen mittlerweile auf erdnahen und – rund 36 000 Kilometer entfernten – geostationären Umlaufbahnen.

Bleibt nur die Frage, ob sich eines Tages jene Vision erfüllen wird, die der englische Astronom Fred Hoyle 1948 hatte. Werde es erst einmal eine Fotografie der Erde von »draußen« geben, so glaubte Hoyle, so werde »eine neue Idee um sich greifen, die so umwälzend sein wird, wie nur je eine in der Geschichte gewesen ist«. Diese Idee, sollte sie in der Bewahrung der Erde liegen, hat sich, trotz überirdisch schöner Fotos von ihr, irdisch noch nicht so recht durchgesetzt.

Peter-Matthias Gaede
Chefredakteur GEO

Zum Sehen geboren ...

Ein Flug in den Weltraum ist auch heute noch ein Unterfangen an der Grenze des gerade Möglichen. Gleichgültig ob es sich um einen Satellitenstart oder um einen bemannten Flug handelt, macht es erst eine hoch entwickelte Technik möglich, in das All vorzustoßen. Der Mensch, der sich anschickt, dorthin zu fliegen, muss wissen, dass er sich in extremstem Maße von Maschinen abhängig macht. Nicht nur beim Start kommt es darauf an, dass die Raketenmotoren den mechanischen und thermischen Belastungen standhalten, die auftreten. Startet ein Shuttle, werden innerhalb von acht Minuten immerhin mehr als 1500 Tonnen hoch brisanter Treibstoffe verbrannt. Das heißt, es werden im Mittel pro Minute etwa 200 Tonnen Wasserstoff und Sauerstoff, respektive Festtreibstoffe durch die Triebwerke gejagt. Auch während des Fluges in der Erdumlaufbahn müssen viele Systeme wie das Lebenserhaltungssystem, die Stromversorgung, das Lageregelungssystem und das Kommunikationssystem ohne Unterbrechung funktionieren. Nur so lange, wie Maschinen um die Menschen im All eine künstliche Umwelt erschaffen und Bedingungen aufrechterhalten, die allen Bedürfnissen menschlicher Physiologie gerecht werden, können Astronauten darauf bauen, unbeschadet nach Hause zurükkehren zu können. Es versteht sich von selbst, dass jeder von ihnen lernen muss, sich in der künstlichen Welt einer Raumstation situationsgemäß zu verhalten. Anders gesagt, jeder Astronaut muss ein mehrjähriges Training durchlaufen, um das hoch komplexe technische System beherrschen zu lernen, das für sein Überleben unverzichtbar ist. Für einen Wissenschaftsastronauten kommt das Training an den Experimenten hinzu, die für den jeweiligen Raumflug geplant sind. Dies ist noch umfangreicher als das Training an den technischen Systemen des Raumschiffes und muss vor allem vor jedem Flug in vollem Umfang durchgeführt werden, denn die wissenschaftlichen Fragen des einen Fluges haben mit denen eines anderen meist nichts zu tun. Ist beabsichtigt, mit den Russen in den Weltraum zu fliegen, muss ein Astronaut außerdem die russische Sprache erlernen. Die Fähigkeit, mit den Gefährten an Bord und den Experten im Flugleitzentrum am Boden kommunizieren zu können, ist essenziell für die Sicherheit eines Fluges. Schließlich kann keiner hoffen, eine Notsituation mit dem Wörterbuch in der Hand bewältigen zu können.

Vielleicht lag es am Volumen des zu lernenden Stoffes, dass ich mich vor meinem ersten Flug wenig damit beschäftigt hatte, was emotional auf mich zukommen würde. Die Wirkungen eines Raketenstartes, insbesondere die auftretenden Beschleunigungen, konnten jedem von uns noch halbwegs realitätsnah vorgeführt werden. Wir alle hatten die Gelegenheit auf einer

Zentrifuge, den zunehmenden Druck in den Sitz zu erleben und zu erfahren, wie es mit anwachsender Beschleunigung immer schwerer wird, zu atmen und Beine und Arme zu bewegen. Es hatte uns aber niemand darauf vorbereiten können, was beim ersten Blick aus dem Fenster geschehen würde. Was sich meinen Augen in diesem Moment bot, hat sich unauslöschlich in mein Gedächtnis eingeprägt. Zum ersten Male sah ich den Horizont als gekrümmte Linie. Unter ihm lag der Erdball. Mühelos konnte ich davon ein Stück von der Größe eines ganzen Kontinentes überblicken. Wie von einem Zauber angerührt sah ich überall die Farben Weiß und Blau. Blau bedeutete Wasser und damit Leben. Die weiß leuchtenden Wolken betörten meine Sinne wegen ihres unermesslichen Formenreichtums.

Schnell konnte ich sehen, dass die Erdoberfläche wie ein aufgeschlagenes Buch dalag. Die größte Faszination übten auf mich die großen Gebirge aus. In der Erdumlaufbahn fliegend war es möglich, erst die Achttausender des Himalaja und fünfundvierzig Minuten später die sturmgepeitschten Bergriesen der südlichen Anden in Feuerland zu betrachten. Jeder Bergrücken und jedes Tal waren zu erkennen. In den mir bekannten Teilen der Welt, wie zum Beispiel in den Alpen, gelang es mir mühelos, die Haupttäler auszumachen und zu benennen. Ich konnte sogar sehen, wie zum Beispiel Zillertal, Stubaital, Ötztal, Pitztal und Kaunertal mit ihren Wassern den Inn nähren. So nahe liegend der Gedanke war, anzuhalten und in Ruhe zu schauen, so unerbittlich erforderte die Orbitmechanik weiterzufliegen. Den Alpen folgte der schnelle Flug über das adriatische Meer. Es blieb keine Zeit angesichts der Städte Florenz, Rom und Athen dem Gedanken nachzuhängen, welcher kulturelle Reichtum dort angehäuft ist, denn schon lag das östliche Mittelmeer vor meinen Augen. Der Jordan mit dem See Genezareth auf der einen, der Nil auf der anderen Seite. Das Ursprungsland dreier Weltreligionen und das schmale, deutlich sichtbare Band durch die Wüsten Ägyptens, das dank seiner Fruchtbarkeit eine unvergleichliche Kultur hervorgebracht hat, zogen vorüber. Doch schon sank die Sonne aus einem rabenschwarzen Himmel strahlend unter den Horizont. Sechzehnfach schneller als sonst wurde es um uns dunkel. Am Firmament begannen die Sterne zu glänzen, auf der Erde aber sah ich irgendwo in der Nähe des Äquators immer Gewitter toben. Wenn es blitzte, wurde eine sonst dunkle Wolke von innen hell. Aus sicherer Höhe konnte ich ein spektakuläres Schauspiel der Natur staunend beobachten. Es wurde auf direkteste Weise sichtbar, welche Energien sich dabei entladen. Ich muss bekennen, dass der Respekt, den ich als Pilot vor Gewittern schon immer hatte, damals noch erheblich gesteigert wurde. Ein anderes nächtliches Schauspiel, das sich meinen Augen regelmäßig bot, waren die Nord- oder Südlichter. Wir sahen sie immer dann, wenn wir einem der beiden magnetischen Pole nahe kamen. Schräg von oben konnten wir die märchenhaft wirkenden, in Pastellfarben leuchtenden Vorhänge aus Licht bewundern. Ihr Anblick regte die Saiten des Gemütes zu romantischen Empfindungen an. So schnell wie uns die Nacht umhüllt hatte, so rasch wurde es wieder Tag. Die Sonne kündigte sich dadurch an, dass vor ihrem Aufgang ein schmaler Saum entlang des Horizonts zu leuchten begann. Es war die Atmosphäre, die das Licht streute. Wie zart und dünn sie ist, konnte ich auch nach Sonnenaufgang sehen, denn dann leuchtete sie königsblau zu uns herauf. Ihr Anblick hat mich seiner unvergleichlichen Schönheit und seiner Zerbrechlichkeit wegen nie wieder losgelassen. Faszination und Betroffenheit mischen sich noch heute in mir, wenn ich das Abbild jener königsblauen Schicht, die den Erdhorizont säumt, aus der Erinnerung hole und vor mein geistiges Auge stelle.

Über die Schönheit der Erde und die Wunder des Alls gäbe es noch viel zu berichten, doch vermutlich wäre es nicht einmal einem Dichter gegeben, in Sprache umzusetzen, was letztlich mit Worten nicht zu sagen ist. Ich befürchte, dass auch die Bilder des vorliegenden Buches nicht alles wiedergeben, was vor den Augen eines im Weltraum fliegenden Astronauten ausgebreitet liegt, ich denke aber, dass sie dem so nahe kommen, wie es mit den Mitteln der heutigen bildgebenden Techniken und des heutigen Druckes möglich ist. Was die Bilder auf keinen Fall vermitteln können, ist die Erfahrung jedes Astronauten, dass neunzig Minuten ausreichen, den wundervollen Planeten Erde einmal ganz zu umrunden, eine Zeit, in der es Tag und Nacht ist. Sie führt dazu, dass sich die Wahrnehmung nachhaltig verändert. Zwanghaft führt sie zur Einsicht, dass wir nicht nur auf einem hinreißend schönen, sondern auch auf einem kleinen Planeten leben. Es drängt sich die Vorstellung auf, in der Erde selbst ein Raumschiff zu sehen. Zurzeit fliegen mit ihm etwa sechs Milliarden Passagiere durch das leere, lebensfeindliche All. Bald werden es mehr sein. Der Zweifel beginnt zu nagen, ob wir der Erde nicht jetzt schon zu viele Lasten zumuten. Sollten wir sie nicht schonender behandeln, um sicherzustellen, dass die nachgeborenen Generationen in einer gesunden Umwelt leben können? Haben uns die Altvorderen die Natur nicht auch in gutem Zustand hinterlassen?

Es gibt noch viele Fragen. Bemerkenswert ist, dass die meisten erst in dem Moment gestellt wurden, als technische Systeme – siehe oben – einen neuen, globalen Blick auf den Erdball eröffneten. Dass durch Raumflüge, respektive die Leistung fähiger Ingenieure, ethische Überlegungen in Gang gesetzt werden, ist vermutlich für die meisten von uns überraschend. Jedenfalls halte ich die neue Sicht der Erde für eine wichtige Leistung der Raumfahrt. Als Beteiligter kann ich zumindest berichten, dass die komplizierte Technik des Raumfluges, so kalt sie im ersten Moment erscheinen mag, die Saiten der menschlichen Seele zum Schwingen bringt. Einiges, was mit dieser kryptischen Behauptung gemeint ist, mögen die ersten Verse aus Goethes »Lied des Türmers« verdeutlichen:

Zum Sehen geboren,
zum Schauen bestellt,
dem Turme geschworen,
gefällt mir die Welt.

Dem Zauber, der ihnen innewohnt, ist nichts hinzuzufügen.

ULF MERBOLD
Astronaut:
Spacelab-1 (STS-9), D1-Mission,
D2-Mission, IML-1 (STS-42), EUROMIR 94

Mind Shift

Was waren die drei beeindruckendsten Erlebnisse Ihrer Mission? So fragte mich einst ein Journalist kurz nach meiner Rückkehr zur Erde. Ich brauchte nicht lange zu überlegen: Der Start, der Blick auf die Erde und das Gefühl der Schwerelosigkeit – in dieser Reihenfolge. Kein Zweifel, der Start, bei dem 2200 Tonnen Schub innerhalb von nur neun Minuten das Shuttle in den Weltraum wuchten, mit körperlichen Belastungen, bei denen viele Astronauten einfach vergessen zu atmen, lässt einen bis ins Knochenmark spüren, welchen Mächten man hier hilflos ausgesetzt ist.

Doch kaum ist man im All und hat wenige freie Minuten zur Verfügung, beeilt sich jeder Astronaut, wenigstens einen kurzen Blick durch das nächstbeste Fenster zu werfen. Ich kann mich noch gut an meinen ersten Erdanblick erinnern. Ich schaute schräg auf das schier endlose Blau des Pazifiks, über den sich filigrane Wolken wie geklöppelte Spitzendeckchen gelegt hatten. Gleichzeitig schien sich das Ganze wie eine riesige Rolle unter mir hindurchzuwälzen, obwohl es natürlich genau anders herum war: Wir rasten mit dem Shuttle mit 28 000 Kilometern pro Stunde über die Erdoberfläche hinweg.

Keine Frage, dieser Blick auf die Erde ist einfach faszinierend. Ich habe mich immer gefragt, was und vor allem, warum dieser Anblick einen so gefangen nimmt. Eigentlich ist er die reinste Nebensache bei einer Raumfahrtmission. Gemäß deren Intention ist meine Aufgabe als Wissenschaftler an Bord, faszinierende Experimente in der Schwerelosigkeit durchzuführen. Diese führen zu einem Wissensgewinn für die Wissenschaft, der schließlich der ganzen Menschheit zugute kommt, und das ist es, was sie an Nutzen von der Raumfahrt hat.

Ist die Wissenschaft wirklich das Wichtigste und der Anblick der Erde eine schlichte Nebensache? Als ich von meiner Mission zurückkam, fragte mich kaum jemand nach den Ergebnissen meiner Mission. Die Fragen drehten sich vielmehr stets um die menschliche Perspektive der Raumfahrt: Was für ein Gefühl ist das in der Schwerelosigkeit? Wie isst man im All? Wie schläft man? Und natürlich: Wie ist der Anblick der Erde? Das passte nicht zusammen. Es wurde viel Geld für Spitzenwissenschaft ausgegeben und letztendlich interessierten sich die Menschen nur für den Blick auf die Erde!

Mit dieser Zerrissenheit im Kopf las ich irgendwann einmal die Worte des Astronauten Alfred Worden, der im Juli 1971 auf dem Mond stand, seine wissenschaftlichen Arbeiten durchführte, dabei immer wieder aufsah, um die Erde zu betrachten und die bemerkenswerten Worte sprach:

Jetzt weiß ich, warum ich hier bin.
Nicht um den Mond genauer zu betrachten,
sondern um zurückzuschauen,
auf unser Zuhause,
die Erde!

Das ist es! Natürlich ist die Raumfahrtwissenschaft an neuem Überblick und Erkenntnissen interessiert und natürlich trägt dies zum Fortschritt der Menschheit bei. Ich bin aber davon überzeugt, dass der viel größere Nutzen ganz woanders liegt, dort wo ihn die Menschen zwar intuitiv wahrnehmen, ihn sich aber bisher nie bewusst gemacht haben: Der Blick auf die Erde verändert das Denken. Der Mensch bekommt durch ihn ein ganz anderes und neues Verständnis für seinen Heimatplaneten und damit auch seiner selbst. Er erkennt dabei sein Leben aus einer ganz anderen Distanz und einem anderen Blickwinkel heraus und genau das führt zu einem tieferen Verständnis für die Natur und der eigenen Person.

Tatsächlich wird die Raumfahrt so zu einer zweiten kopernikanischen Revolution. Seit Kopernikus weiß der Mensch zwar, dass er nicht das Zentrum des Universums ist. Doch seit den Bildern, die die Raumfahrt ihm nach Hause liefert, kann er heute auf sich herabsehen und diese einsame Position im All mit eigenen Augen erkennen. In diesem Sinne waren die wirklichen Erfolge der Apollomissionen nicht die vielen wissenschaftlichen Erkenntnisse über die Zusammensetzung des Mondes und seinen Ursprung, sondern die wenigen, aber immer wieder gezeigten Bilder der Erde aus der entrückten Position des Mondes. Sie machten uns eindringlich klar, dass unser Heimatplanet zwar eine wunderschöne, aber einsame Perle des Lebens in den Weiten des Kosmos ist. Über die historische Dimension dieser Bilder sagte einst der dänische Wissenschaftsjournalist Tor Nørretranders:

Auf diesen aufrüttelnden Anblick des Planeten von außen folgte ein Bewusstwerdungsprozess, der sich in seiner Intensität durchaus mit jenem messen lässt, der einsetzte, als die Menschen sich selbst im Spiegel zu betrachten begannen.

Bilder der Erde aus dem All sind also Bilder über uns. Sie erzählen von uns und unserem Leben auf der Erde und von unserem Stellenwert im Universum. Genau das macht die Faszination der Erdbilder aus, und sie werden unser Denken über uns und die Erde mehr verändern als alle großen literarischen Werke zusammengenommen. Sie werden uns so verändern wie einst den saudi-arabischen Sultan Bin Salman al-Saud, der als Gast an Bord des Shuttles im Juni 1985 die berühmten Worte sprach:

Am ersten Tag deutete jeder von uns
auf sein Land.
Am dritten oder vierten Tag zeigte jeder
auf seinen Kontinent.
Ab dem fünften Tag gab es für uns
nur noch eine Erde.

Genau diese Veränderung des Selbstverständnisses in dieser Welt wird jeder von uns bei der Betrachtung der Bilder der Erde durchlaufen. Neunzig Prozent aller privaten Anfragen an

Satellitenbildarchive wollen zunächst ein hoch aufgelöstes Bild vom jeweiligen Wohnort. Das Bild wird dann eingerahmt und findet einen Ehrenplatz in der Wohnung. Aber irgendwann kommt der Blick über den eigenen Tellerrand. Man will wissen: Wie sieht es denn woanders aus? In Deutschland? In Europa? Man ist verblüfft.

Auch woanders ist die Welt reizvoll.
Die Satellitenbilder der Erde zeigen nicht nur Details, sondern auch die wunderbare Schönheit unserer Erde. Und dann kommt irgendwann das Erwachen: Wo sind diese staatlichen Grenzen, die auch unserem Denken stets Grenzen setzen. Auf keinem Satellitenbild ist eine zu sehen! Die Natur, unsere Erde, kennt keine Grenzen zwischen Staaten, zwischen Völkern. Dies ist es, was Bin Salman al-Saud genauso wie jedem anderen Astronauten ins Auge fiel und sein Denken veränderte: Am fünften Tag gab es für uns nur noch eine Erde. Genau diese Veränderung wird jeder von uns erfahren, der dem Reiz und der gnadenlosen Wahrheit der Bilder aus dem All erliegt.

Seien Sie also darauf gefasst. Die wunderbaren Bilder dieses Bildbandes werden Sie nicht nur auf den ersten Blick faszinieren, sondern Ihr Denken über unsere Welt langfristig verändern. So sind Erdbeobachtungssatelliten mehr als nur Bildlieferanten für die Wissensgier der Naturwissenschaftler – sie sind Auslöser eines Paradigmenwechsels in der Menschheitsphilosophie.

Ulrich Walter
D-2 Astronaut

Terra incognita

Im Juli 1998 gehen in Marree, einem 60-Einwohner-Nest im Outback Südaustraliens, anonyme Faxe ein. Ganz in der Nähe soll angeblich das »größte Kunstwerk der Welt« zu finden sein. In diesem Zipfel Niemandsland zwischen Wüste und Salzseen? Tatsächlich entdecken lokale Piloten, 60 Kilometer von Marree entfernt, am Boden eine Art Monumental-Graffito, das einen Aborigine-Krieger mit einem Bumerang, der traditionellen Jagdwaffe, in der Hand zeigt. Sorgfältig ist die braune Erde so tief weggefräst, dass die weiße Kreideschicht darunter hervortritt.

Der »Geoglyph«, so der Fachausdruck für Figuren-Kunst in Geländeformationen, wird als *Marree Man* gefeiert. Dass er seine Existenz weder Ureinwohnern noch Außerirdischen verdankt, sondern vermutlich einem Jux in der Nähe stationierter Soldaten, wird schnell klar. Doch die Relikte am Tatort bleiben mysteriös: Am Rand der Spur finden sich eine Flasche, eine amerikanische Flagge und ein Zettel mit dem Namen »Stuart's Giant«. Tagelang müssen die Täter mit einem Geländepflug am Werk gewesen sein; viele Male die Figur umfahren haben, um die Umrisslinie auf 32 Meter zu verbreitern und damit für die Satellitenbeobachtung zu präparieren. Denn nur von dort kommt der *Marree Man* zur Geltung – vom Boden aus gibt es keine Chance, auch nur einen großen Zeh des 4000 Meter langen und halb so breiten Gesamtwerks zu überblicken.

Das schönste Porträt des Riesen entsteht, als außer den anonymen Künstlern noch keine Menschenseele von seiner Existenz ahnt. Es ist jene Aufnahme, die der Satellit Landsat am 28. Juni 1998 bei seiner Patrouille hoch über Australien aufgezeichnet hat und die man später in der Empfangsstation in Canberra nachträglich aus den Datenarchiven auferstehen lässt. Noch aus über 700 Kilometer Höhe ist die ungewöhnliche Silhouette zu erkennen: fragil, mythisch – und vergänglich. Ein paar Monate später lassen starke Regenfälle den *Marree Man* verblassen und schließlich verschwinden.

Bilder aus dem All üben eine eigentümliche Faszination aus, bei der neben Bewunderung auch Scheu und ein wenig Unglauben mitschwingen. Dass der Mensch fähig ist, magische Augen im Weltraum zu platzieren, die wahlweise den Globus als Gesamtkunstwerk oder jeden beliebigen Quadratkilometer zwischen Pol und Äquator im Detail ins Visier nehmen, scheint noch immer märchenhaft und verwegen.

Countdown, Start der Trägerrakete, Flug, Schwenk in die Umlaufbahn, Positionskorrekturen, Ausfahren von Sonnenpaddeln und Antennen, Systemstart, erste Tests ... jede winzige Ungenauigkeit in einem der komplizierten Manöver kann den Erfolg zunichte machen. »Hat seine Bahn nicht erreicht« oder »... nach dem Start ausgefallen«, heißt es dann lakonisch in den Protokollen. Zu den jüngsten Opfern gehören auch zwei Fernerkundungs-Satelliten: IKONOS 1 der Firma Space Imaging startete im April 1999 und kam nie oben an. Quick Bird von der Firma Earth Watch erreichte seine Position im November 2000, geriet dann aber außer Kontrolle.

Doch wenn die Gebete der Entwickler erhört werden, wenn alle Berechnungen stimmen, alle Instrumente das gewaltige Schütteln beim Start überstehen, keine kosmische Strahlung die Computer schädigt und kein Weltraumschrott den Neuling außer Gefecht setzt – dann offenbart sich jene Perspektive, die menschlichen Augen in den ersten 150 000 Jahren ihrer Existenz unzugänglich geblieben ist: der Blick von ganz, ganz oben – gleichzeitig entrückt und intim.

Satellitenbilder spielen mit der Spannung zwischen Distanz und Nähe, Technik und Gefühl. Sie erlauben es uns, den Planeten, den wir bewohnen, gleichsam aus der unbestechlichen Sicht einer höheren Instanz wahrzunehmen: Wir sehen und bestaunen das »Kunstwerk Erde« in diesem Fall buchstäblich mit *anderen* Augen. Wir mustern Sanddünen und Flussdeltas, Wüsten und Tafelberge, Ozeane und Inselgruppen, künstlich geschaffene Stadtlandschaften und künstlerisch gestaltete Objekte wie den *Marree Man* mit derselben Neugier, mit der wir Aufnahmen von Mond, Mars und Venus begegnen. In allen Fällen ist klar: Kein Mensch hat da vom Flugzeug aus interessantes Gelände sondiert und auf den Kameraauslöser gedrückt, wenn das Panorama am schönsten war. Die bizarre Geometrie, die geheimnisvollen Linien, die ungewöhnlichen Farbspiele sind Zufallsprodukte der Fernerkundungsroutine.

Gerade die Ungerührtheit von »Künstlern« – wie LANDSAT, RADARSAT, IKONOS, MOMS und anderen – verstärkt die Rührung beim Betrachter. Fast unausweichlich tauchen Gedanken über Schönheit und Verletzlichkeit auf, über die Erde und das Universum, über die eigene Existenz im großen Zusammenhang. Wer seinen Lebensraum aus höherer Warte vorgeführt bekommt, erhält als Zugabe einen Hauch von Ehrfurcht. Wie rätselhaft, selbst Teil dieses überwältigend großen Ganzen zu sein, teilzunehmen an der Reise eines Planeten durch das All und sich dessen bewusst zu sein ... *Spaceship Earth* hat der englische Wissenschaftsjournalist Nigel Calder sein berühmtes, 1991 erschienenes Buch genannt, in dem er schreibt, was ihn beim Anblick von Satellitenbildern bewegt: »Menschen sind genauso die Produkte des Systems Erde wie die Berge, die Sümpfe und die Vögel. Sie alle sind Neuanordnungen desselben alten Bestands an Atomen, mit dem die Schwerkraft vor über vier Milliarden Jahren das Raumschiff Erde versah.«

Die zur Art *Homo sapiens sapiens* gruppierten Atomanordnungen scheinen prädestiniert zu sein, ungewöhnliche Talente und Sehnsüchte zu pflegen. Irgendwann haben Urahnen der modernen Menschen beschlossen, hoch hinaus zu wollen, Überblick zu gewinnen. Sie haben Gipfel erklettert, Türme gebaut, schließlich Fluggeräte erfunden. Schwerkraft adieu – in Ballons, Zeppelinen und Flugzeugen erobern die Kühnsten der als Fußgänger Geborenen den Raum, der zuvor geflügelten Wesen vorbehalten war. Und Tüftler ersinnen Verfahren, um kurzen Augenschmaus dauerhaft festzuhalten: 1858 entsteht am Stadtrand von Paris die erste Luftaufnahme aus einer Ballongondel. Experimente mit unbemannten Flugobjekten folgen. 1888 hängt der Franzose Arthur Batut eine Kamera an einen Drachen und benutzt zum zeitverzögerten Auslösen eine Zündschnur. 1903 schickt Julius Neubronner aus Kronberg im Taunus eine Brieftaube mit einem 70 Gramm leichten Kamera-Eigenbaumodell auf die Reise.

Der Fortschritt rast. Aus heutiger Sicht scheint es belächelnswert, wie die Crème der Neugiergarde, der amerikanische Geheimdienst, noch im Jahrzehnt vor der Mondlandung versucht, verbotene Bilder aus dem Reich hinter dem Eisernen Vorhang zu erhaschen: Im Projekt GENETRIX werden von 1956 an mehrere hundert unbemannte silbrige Polyethylen-Ballons von 30 Metern Durchmesser mit hoch auflösenden Panoramakameras bestückt und von US-Basen wie Incirlik in der Türkei und Giebelstadt in Deutschland aus in den Himmel geschickt. Die vage Hoffnung: Günstige Winde mögen die Spionageballons in 22 000 Meter Höhe quer über den sowjetischen Luftraum wehen. Die CIA vertraut darauf, dass die Ballons beim fünf- bis siebentägigen Überflug per Zufall auch geheime militärische Installationen passieren und fotografieren. Ihre silberne Hülle soll sie unsichtbar für Radarsysteme, ihre Flughöhe unerreichbar für die Abwehr machen. Sobald ein Ballon wieder den Luftraum befreundeter Länder erreicht, wird die Kamera per Funk gelöst und segelt mit einem kleinen Fallschirm zu Boden, bis ein spezielles Transportflugzeug sie in der Luft auffängt.

So weit die Theorie. In der Praxis wird das Projekt zur Blamage: Die Winde wehen anders als gewünscht. Viele der Ballons verlieren früh Höhe und werden abgeschossen oder setzen ihren Selbstzerstörungsmechanismus in Gang. Andere schaffen zwar den Transit und werfen ihre kostbare Last ab, doch die Auffangprozedur misslingt. In den peinlichsten Fällen landet die Ladung intakt in Russland oder Polen, obwohl die Experten versichert haben, das sei aufgrund der Selbstzerstörungsautomatik ausgeschlossen. Als die Russen der Weltöffentlichkeit einen Fallschirm samt Kamera präsentieren, lässt sich die Tarnung der Riesensilberlinge als »Wetterballons« nicht mehr aufrechterhalten – im Sommer 1958 stoppt Präsident Eisenhower das Programm.

Es wird nicht wieder aufgenommen. Das Weltraumzeitalter ist angebrochen.

1957 wird Sputnik als erster Satellit in den Erdorbit geschossen. 1960 funkt der Wettersatellit Tiros die ersten Schwarz-Weiß-Bilder zu Boden. 1969 gehen die Bilder der Mondlandung um die Welt.

Von den seit Sputnik gestarteten mehr als 5000 Satelliten sind knapp 600 noch aktiv – ausgetüftelte Konstruktionen, bis ins letzte Gramm austariert, die kleinsten Leichtgewichte von ein paar Pfund, die größten so schwer wie ein Schulbus. Satelliten sind unentbehrlich geworden für die Wettervorhersage und den Fernsehempfang, als Navigationshelfer und Kommunikationsförderer. Die künstlichen Erdtrabanten verfolgen aus der Höhe die Wetterentwicklung oder liefern Grundlagen für präzises Kartenmaterial, protokollieren akribisch die Brandherde im indonesischen Regenwald und die Entwicklung der Meerestemperatur, wenn wieder einmal El Niño droht.

Der Schwund der tropischen Wälder in Brasilien oder Malaysia, die Kriegsfolgen im Kosovo, die Überschwemmungen in Mosambik – nichts entgeht der himmlischen Kontrolle. Mit außerirdischem Beistand lässt die EU-Generaldirektion VI prüfen, ob die Bauern tatsächlich anbauen, was in ihren Subventionsanträgen steht. Schifffahrtsbehörden in Stockholm und Singapur spüren Frachter auf, die auf hoher See heimlich Öl ablassen. Bewohner in Hurrikanzonen setzen auf rechtzeitige Warnung im Katastrophenfall. High-Tech-Fischer lassen sich von Satelliten, die aus unterschiedlichen Farbintensitäten der Meeresoberfläche auf dessen Chlorophyllgehalt schließen, den Weg zu ertragreichen Fanggründen weisen.

Die technischen Überflieger »sehen« weiter, als Astronautenaugen es je könnten. Sie registrieren nicht nur den eingeschränkten Wellenbereich des sichtbaren Lichts, sondern das gesamte von einer Oberfläche abgestrahlte elektromagnetische Spektrum. Messgeräte an Bord trumpfen außerdem – je nach Aufgabenstellung – mit Detailerkenntnissen über Temperaturen, chemische Zusammensetzungen, Höhenunterschiede oder geologische Formationen auf. Selbst bei Nacht und Nebel fällt der Blick auf unseren Planeten nicht aus: Radarsatelliten sind auf das Durchdringen von Dunkelheit und dichter Wolkendecke spezialisiert.

Beim Ausspielen ihrer vielfältigen Talente sind Satelliten allerdings völlig von ihren terrestrischen Mitspielern abhängig. »Bodensegmente« – so heißen in der Amtssprache Empfangsstationen wie das Goddard-Zentrum der amerikanischen Raumfahrtbehörde NASA oder das Deutsche Fernerkundungsdatenzentrum (DFD) des Deutschen Zentrums für Luft- und Raumfahrt (DLR). Hier setzen Wissenschaftler und Techniker den unendlichen Datenstrom, den ihre Antennen empfangen, in Bilder, Karten, Grafiken und 3-D-Modelle um. Es reicht nicht, die Signale von oben korrekt zu interpretieren und Algorithmen zu finden, die Störfaktoren herausrechnen. Know-how und Kunstfertigkeit sind nötig, um unsichtbare Information in bildhafte zu verwandeln – mittels Kontrasten, Falschfarben, gezielten Überlagerungen und raffinierten Kombinationen von Farbschattierungen.

Um den Mitmenschen Überblick, Einblick, Durchblick und Weitblick zu verschaffen, jonglieren die »Bodentruppen« der Fernerkundung mit gigantischen Datenmengen. Für Berechnungen der Meeresspiegelhöhe werten Wissenschaftler plus Computer weltweit jährlich zwei Millionen Aufnahmen aus. In anderen Fällen verschwinden die Datenbänder unbesehen in den Archiven und werden erst Jahre später für eine Rückschau zum Leben erweckt. Mitunter krönen unvorhergesehene Glanzlichter die tägliche Datenverwaltungs- und -veredelungsroutine: jene Momente, in denen die Kooperation zwischen den Augen im All und dem Geschick eines Auswerters eine neue Qualität entstehen lässt. Eine Laune von Bits und Bytes zaubert ein neues Motiv auf den Computerbildschirm, und plötzlich spielt es keine Rolle, ob der Kontext bedeutsam oder belanglos ist – das Pixel-Mosaik ist einfach überirdisch schön.

Aus dem Wissen, dass es Satellitenaufnahmen mit jener speziellen Aura gibt, ist die Idee für dieses Buchprojekt geboren. Robert Meisner vom DFD, beruflich und privat enthusiastischer Kenner der Satellitenästhetik, hat als Jäger und Sammler die Archive in aller Welt durchstöbert. Bei seinen Kollegen in den USA und in Australien, in Indien, Thailand, Japan oder China hat er nach Bildern jenseits des Routine-»All«-Tags gefahndet – und das Schönste zusammengetragen, das die Branche zu bieten hat.

Meisner ist Geograph. Seine Lieblingsmotive sind Wüsten und andere »Gegenden, wo der Mensch noch nicht so viel verändert hat«. Doch fast ebenso faszinierend finden er und seine Kollegen die »neue Kategorie von Bildern«, für die IKONOS 2 steht. So scharf wie IKONOS hat die Erde vorher kein Satellit, dessen Material öffentlich zugänglich ist, unter die Lupe genommen. Ob Pyramiden samt Sphinx oder das Zentrum von San Francisco: »Es ist das erste Mal, dass man Objekte so sehen kann, wie sie jeder kennt«, sagt Meisner.

Privatfirmen wie IKONOS-Betreiber Space Imaging bieten Einblicke zum Kauf an, die früher allenfalls Geheimdiensten vorbehalten waren. Bestellen kann, wer Geld hat und die gewünschten Koordinaten kennt, sei es ein Bild vom Hinterhof des Nachbarn oder von einem Militärobjekt in Nordkorea. Zurzeit liegt die beste Auflösung bei einem Meter. Das bedeutet: Ein Meter große Details sind als getrennte Objekte zu identifizieren. Aufrecht gehende Einzelpersonen sind mit den 681 Kilometer weit entfernten IKONOS-Augen noch nicht zu orten, ihre Schatten bei bestimmten Lichtverhältnissen schon.

»Gottes Auge zu verkaufen«, hieß der provokante Titel eines amerikanischen Fachartikels über private Fernerkundungssatelliten à la IKONOS. Wird die Welt der Zukunft eine Welt ohne Geheimisse sein? Die Sucht nach dem Scharfblick, die vom kamerabestückten Ballon anno 1956 zu IKONOS anno 2000 geführt hat, wird sich der Mensch nicht abgewöhnen. Spionagesatelliten sollen schon heute eine Auflösung erreichen, die einen Puck auf dem

Eishockeyfeld erkennen lässt. Ein kleiner Trost bleibt: Zum Big Brother im Sinne George Orwells taugen die Fernerkundungssatelliten mit der höchsten Auflösung am wenigsten. Ihre Bilder sind Momentaufnahmen; abhängig von der Umlaufbahn und nicht vom Wunsch irdischer Auftraggeber. Was fünf Sekunden später am selben Fleck geschieht, bleibt im Dunkeln. Nur einmal alle paar Tage, bestenfalls täglich, gerät dasselbe Areal erneut ins Blickfeld.

Die Existenz aufschlussreicher Aufnahmen bedeutet außerdem noch nicht, dass ihre Relevanz erkannt wird. Die Späher im All bleiben »blind«, solange ihre Daten nicht ausgewertet, nicht ernst genommen und/oder falsch interpretiert werden. Dass niemand ohne jene Faxmitteilungen den australischen *Marree Man* auf einem Satellitenbild entdeckt hätte, wäre zu verschmerzen. Doch es gibt brisantere blinde Flecken. Der auf Raumfahrtthemen spezialisierte Autor Georg Erwin Thaller beschreibt in seinem Buch *Satelliten im Erdorbit* einen Atomversuch, den die Weltöffentlichkeit verschlafen hat – ziviler und militärischer Satellitenüberwachung zum Trotz. In den siebziger Jahren entwickelte die südafrikanische Regierung mit israelischer Unterstützung ein geheimes Atomprogramm, das in die Zündung einer Atombombe mündete. Zwar wurde der Lichtblitz dieser Explosion von einem amerikanischen Aufklärungssatelliten gemeldet. Da der Satellit aber alt war, zweifelten die Amerikaner an seinen Signalen und fragten in Pretoria nach, ob der Vorfall stattgefunden habe. Die Südafrikaner bestritten es.

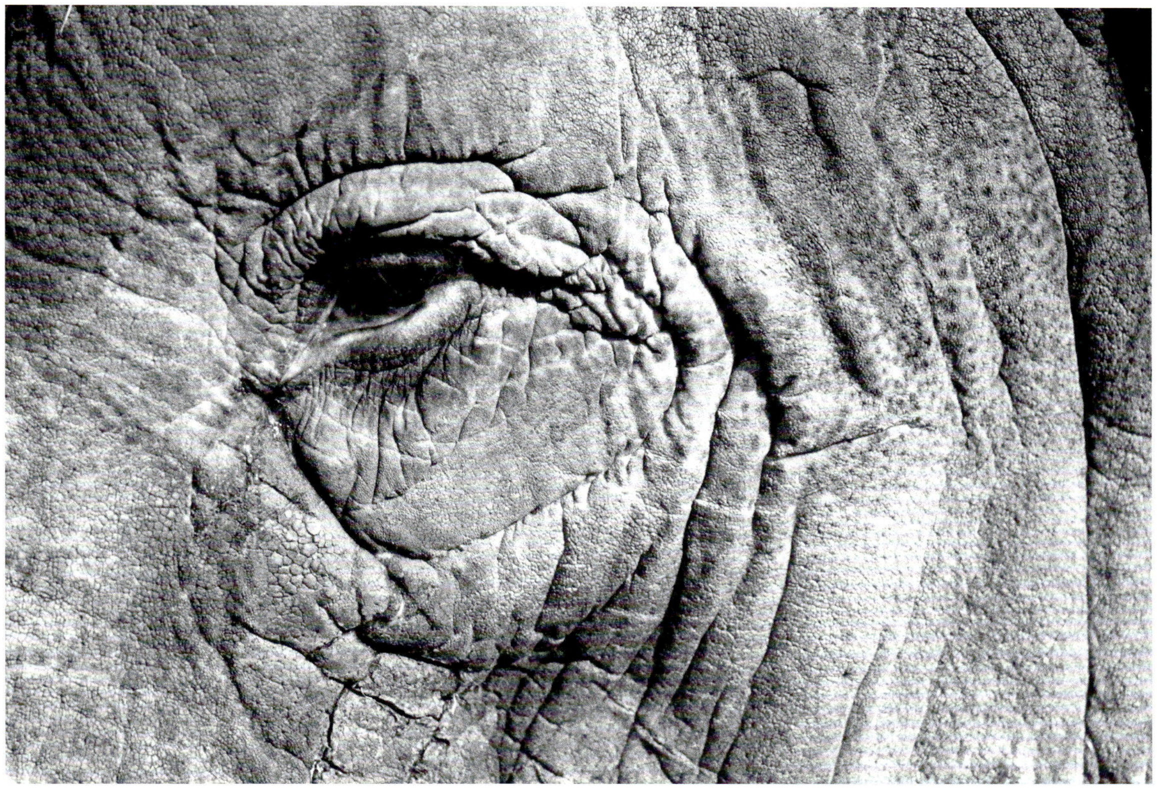

Eine Ente in der FAZ beschreibt eine Insel,
die auf der Satellitenaufnahme wie ein Elefantenauge aussieht – es handelt sich real um ein Elefantenauge

Foto: Claus Setzer/Frankfurter Allgemeine Zeitung

Die USA gaben sich mit Unschuldsbeteuerungen zufrieden und verbuchten die Aufzeichnung als Fehlfunktion des Satelliten. Erst nach Ende des Apartheid-Regimes wurde die Wahrheit aufgedeckt.

Ein zweites Beispiel für temporäre Umnachtung stammt aus der Umweltüberwachung. Der NASA-Satellit Nimbus 7 funkt 1985 Daten einer außergewöhnlichen Spurengaszusammensetzung in der Stratosphäre zur Erde. Was er entdeckt hat, wird bald unter dem Begriff Ozonloch Erschrecken auslösen, interessiert jedoch zunächst niemanden. Im Goddard Space Flight Center der NASA beschließt man, den Effekt als geringfügig zu ignorieren. Erst Messungen von der Erde aus bringen die NASA dazu, das Satellitenband auszugraben – und die Entdeckung des Ozonlochs verspätet zu bestätigen.

Seither gehört die Messung der Ozonschicht zu den überzeugendsten Leistungen der Fernerkundung. Ohne Satelliteneinsatz wäre kaum plastisch geworden, wie schnell sich menschliche Aktivität in bedrohlichen atmosphärischen Störungen niederschlagen kann. In diesem Fall hat der Blick aufs Ganze einen heilsamen Schock ausgelöst. Innerhalb weniger Jahre einigen sich die Nationen der Welt, Chemikalien zu bannen, die vorher als unentbehrlich galten.

Das »Kunstwerk Erde« ist 4,5 Milliarden Jahre alt. Die Atomanordnungen, die sich zur Gattung *Homo* gruppieren, sind darin eine relativ junge Errungenschaft. Menschen haben die Begabung perfektioniert, die Kugel, auf der sie leben, für eigene Zwecke zu verändern und Turbulenzen im Gesamtsystem zu verursachen. Sie sind allerdings in lichten Momenten auch fähig, ihr eigenes Tun zu reflektieren: mit Demut, Ehrfurcht – und Humor.

Am 19. Februar 2000 erscheint in der *Frankfurter Allgemeinen Zeitung* zum Abschluss einer Serie über die Erkundungs- und Kartierungsmission der Raumfähre *Endeavour* ein Artikel mit dem Titel: »Der Ele-Archipel überrascht die Fachwelt«. Am siebten Tag der Mission sei, so verrät der Artikel, eine unbekannte Inselgruppe im Indischen Ozean entdeckt worden. Weil ein Eiland »dem Auge eines Elefanten im Frankfurter Zoo verblüffend ähnlich« sehe, hätten die Astronauten die Inseln *Ele-Archipel* getauft. Das zugehörige Foto besticht mit der typischen Satelliten-Optik: Dem Betrachter zeigt sich nacktes, bergiges Land mit Verwerfungen und einem angeblichen Vulkankrater.

Der Bericht ist eine Ente. Das vermeintliche »Radarfoto« des *Ele-Archipels* stammt nicht von der *Endeavour*; es ist tatsächlich ein Elefanten-Auge in Nahaufnahme. Die Leser der seriösen Tageszeitung reagieren je nach Naturell überrascht, verunsichert, begeistert, empört – noch Monate nach der Veröffentlichung gehen in der Redaktion Nachfragen nach jener Inselgruppe vor Thailand ein.

Terra Incognita ist überall. Die Geschichten vom *Ele-Archipel* und vom *Marree Man* beweisen: Rätsel und Geheimnisse werden auch in Zeitaltern verstärkter Supervision ihren Platz behalten. Und nicht immer sind sündhaft teure Hightech-Späher nötig, um irdische Zeichen und Wunder zu deuten. In manchen Fällen reicht es, den eigenen Augen zu trauen.

Hanne Tügel
Wissenschaftsredakteurin GEO

Späher aus dem All

Der Mensch war schon immer bestrebt, durch eine bildliche Darstellung der Erde, etwa in Form von Karten, sein Verständnis für die eigene Umgebung zu verbessern. Erste derartige Darstellungen gehen auf die Kartographie zurück und sind vermutlich schon älter als die Vermittlung von Information mittels Schriftzeichen. Die aus dem 5. Jahrhundert v. Chr. stammenden babylonischen Weltkarten dokumentieren zwar auch die philosophische Weltanschauung dieser Zeit, zeigen aber ebenso deutlich das Bedürfnis der Menschen nach einer bildhaften Darstellung der Welt.

Die modernste Form der Abbildung der Erde, die ersten regelmäßig verfügbaren und hoch auflösenden Satellitenbilder zur Erdbeobachtung, stehen jedoch erst seit Juli 1972 zur Verfügung. Damals wurde der noch aus sicherheitspolitischen Interessen konzipierte Earth Resources Technology Satellite (ERTS-1) in eine polare Umlaufbahn gebracht. Diese später in Landsat umbenannte Satellitenserie wurde seitdem kontinuierlich fortgesetzt. Die Satelliten der Landsat-Reihe sind heute eine der wichtigsten Datenquellen zur hoch auflösenden Dokumentation des »Global Change«.

Man hatte schnell erkannt, dass sich durch den Einsatz permanenter Beobachtungsinstrumente auf Satelliten nicht nur Objekte von militärischem Interesse auf der Erde erkennen lassen, sondern dass durch die Nutzung des gesamten elektromagnetischen Spektrums auch die Überwachung natürlicher Ressourcen der Erde möglich wurde. Beispiele hierfür sind Aussagen über den Zustand und die Vitalität der Vegetation. Beide Parameter sind wichtige Kenngrößen für die Erstellung von Erntevorhersagen. Ein wesentlicher Vorteil der Fernerkundung – also der Aufnahme der Erde aus der Ferne – war offensichtlich: Nur aus dem Weltraum ist es möglich, flächendeckende, kontinuierliche und großflächige Informationen zu gewinnen. Unabhängig von den politischen Gegebenheiten auf der Erde werden Messdaten in verschiedenen Maßstäben global, zum Beispiel für die Klimaforschung, oder für lokale Fragestellungen wie die Stadt- und Regionalplanung verfügbar.
Jeweils abhängig von der Fragestellung wurden seit dem Start von Landsat-1 ständig neue Beobachtungsinstrumente entwickelt, gebaut und in eine Umlaufbahn gebracht. Sie dienen zur Beobachtung der Vegetation, zur globalen Kartierung von Temperaturen der Meeresoberfläche oder der Wolkenverteilung, zur Detektion und zur genauen Beobachtung der Atmosphäre sowie zur exakten Vermessung der Erde aus dem Weltraum. Satelliten werden so entwickelt, dass sie viel mehr sehen als jedes Auge.

Die nebenstehende Abbildung zeigt das gesamte elektromagnetische Spektrum welches für die Fernerkundung nutzbar ist. Dabei ist der Bereich des für den Menschen sichtbaren Lichts mit den Grundfarben blau, grün und rot nur ein kleiner Ausschnitt des nutzbaren Spektrums. Zu den kürzeren Wellenlängen hin – insbesondere im Ultraviolett mit Wellenlängen unter 0,4 µm – arbeiten Sensoren, welche die Messung von Spurengaskonzentrationen in der Atmosphäre ermöglichen. Oberhalb des sichtbaren Rot (über 0,7 µm) beginnt der Bereich des reflektierten und ab Wellenlängen von circa 10 µm des thermalen Infrarot. Diese Wellenlängenbereiche werden insbesondere zur Vegetationsuntersuchung, für geologische Fragestellungen und zur Messung von Temperaturen eingesetzt. Sehr viel größere Wellenlängen im Bereich von 3 bis 25 Zentimetern werden von Radarsensoren genutzt.
Die Anwendungen der Radardaten reichen von der Kartierung der Regenwälder über Untersuchungen zum Seegang auf den Weltmeeren bis zur Herstellung genauer Höhenmodelle. Der große Vorteil von Radardaten liegt darin, dass diese Satelliten auch dann noch Daten liefern, wenn andere Systeme auf Grund ständiger Wolkenbedeckung oder bei Dunkelheit keine sinnvollen Messwerte mehr aufzeichnen können.

Durch die Kombination von Aufnahmen verschiedener Wellenlängenbereiche entstehen multispektrale Bildprodukte, die jeweils für die Untersuchung spezifischer Fragen optimiert sind. Einige dieser Bilder sind in diesem Buch veröffentlicht und geben einen Einblick in die technischen Möglichkeiten und vermitteln zugleich die Faszination dieser Bilder.

Seit den achtziger Jahren wurden in der Fernerkundung ständig neue Techniken und Verfahren entwickelt: In manchen Bereichen ist die regelmäßige Bereitstellung der aus den Satellitendaten abgeleiteten Informationen inzwischen Standard.

Beispiele für die regelmäßige Nutzung dieser Informationen sind:

- In der Meteorologie und Klimaforschung liefern Satellitendaten flächendeckend globale Informationen über Wolken, Spurengase, Vegetation, Niederschlag und Wasserdampf. Sie bilden damit die Basis für die Wettervorhersage und für Modellrechnungen zum Klimawandel.
- Satellitendaten sind unentbehrlich für die Erkennung tropischer Wirbelstürme und zur Prognose der weiteren Zugbahnen – ein wesentlicher Beitrag zum Schutz von

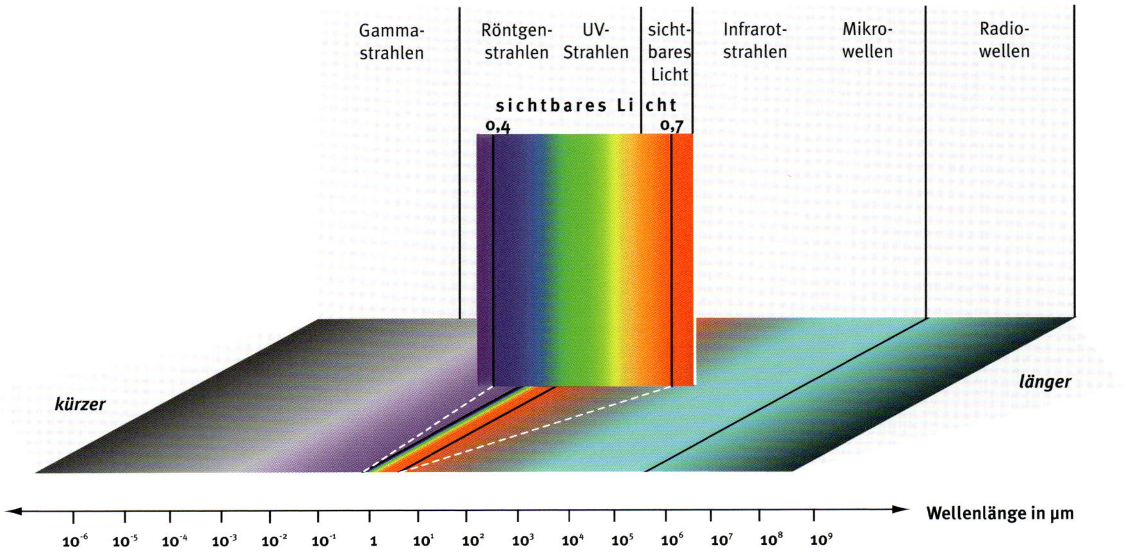

Das elektromagnetische Spektrum,
welches zur Erkundung der Erde aus dem All eingesetzt wird

Menschenleben und zur Früherkennung von Naturkatastrophen.

- Die Detektion und Beobachtung von Eisbergen und die Einsatzplanung von Eisbrechern in nördlichen Breitengraden helfen bei der Steuerung der Schifffahrt.
- Die Optimierung von Schifffahrtswegen in Hinblick auf Wind und Seegang sparen Treibstoff und damit Ressourcen.
- Die Erkennung und Vorhersage von Anomalien der Meeresoberflächentemperatur (z. B. El Niño).
- Die regelmäßige Analyse und Quantifizierung der weltweiten Abholzung.
- Der Einsatz zur Überprüfung von EU-Subventionen in der Landwirtschaft.

Für diese Anwendungen gibt es unterschiedliche Anforderungen an die »Späher aus dem All«. So ist es zum Beispiel bei der Beobachtung von Wolken wichtig, in kurzen Zeitabständen Bilder eines großen Gebietes zu erhalten (z. B. alle dreißig Minuten), da Wolken sich in Verteilung und Struktur schnell verändern und diese über ein großes Gebiet verteilt sind. Bei diesen Bildern spielt die Erkennbarkeit kleiner Objekte am Boden, beispielsweise von Feldern, eine untergeordnete Rolle. Andererseits sind bei der Dokumentation der Abholzung tropischer Regenwälder sehr detaillierte räumliche Informationen interessant – schließlich will man die abgeholzten Flächen in ihrer Größe genau erfassen. Hier reicht es wegen der relativ langsam verlaufenden Veränderungen meist aus, wenn diese Informationen ein bis zweimal pro Jahr verfügbar sind.

Es gilt also, anwendungsspezifische Satelliten zu entwickeln. Dabei sind die verwendeten Technologien sowie die Datenrate, die per »Funk« von den Satelliten zur Erde übertragen werden kann, die limitierenden Faktoren. Auf Grund dieser Einschränkungen ist es immer nur möglich, wahlweise ein großes Gebiet in schlechter räumlicher Auflösung oder ein kleineres Gebiet in guter räumlicher Auflösung zu erhalten. Bedingt durch die bei guter Auflösung geringere Größe des abgedeckten Gebietes bedeutet dies in der Konsequenz, dass Bilder in hoher Detailschärfe weniger oft zur Verfügung stehen, da der Satellit infolge der schmaleren Aufnahmespur am Boden dieselbe Region seltener abbildet.

Die Abbildungsreihe rechts zeigt beispielhaft die Region südlich Münchens, wie sie von verschiedenen Satelliten in verschiedenen Auflösungen gesehen wird. Sehr grob ist die Darstellung eines geostationären Wettersatelliten (Meteosat-7) mit einer Pixelgröße von ca. 5 x 5 Kilometer – diese Daten liegen dafür alle dreißig Minuten vor. Darunter das Bild eines Wetter- und Ozeansensors mit einer Auflösung von circa 1 x 1 Kilometer (NOAA-AVHRR) – die deutlich höhere räumliche Auflösung steht mehrmals pro Tag/Nacht zur Verfügung. Noch schärfer bildet MODIS – ein relativ neuer Sensor, der in 36 verschiedenen Spektralbereichen misst – mit einer Auflösung von ca. 250 x 250 Metern am Boden die Erdoberfläche ab; in dieser räumlichen Auflösung sind die Informationen circa ein- bis zweimal pro Tag abrufbar. Erst ab einer Auflösung von ca. 30 x 30 Metern, so wie sie von Landsat geliefert wer-

den, sind feinere Strukturen am Boden erkennbar – diese hohe räumliche Auflösung ist dafür aber auch nur etwa alle vierzehn Tage nutzbar. Während des Überfluges funkt der Satellit zeitgleich das, was er unter sich am Boden sieht, zu einer Empfangsstation auf der Erde. Wegen des beschränkten Sichtbarkeitskreises der Empfangsstationen benötigt man, um alle Überflüge eines Satelliten aufzeichnen zu können, ein weltweites Netz von Empfangsstationen.

Das Deutsche Fernerkundungsdatenzentrum des DLR betreibt eines der größten Netze von Empfangsstationen weltweit und ist damit in der Lage, Satellitendaten von so entlegenen Regionen wie der Antarktis, aus der Mongolei und Sibirien sowie aus dem zentralen Afrika zu empfangen, im Anschluss zu Informationen weiterzuverarbeiten und schließlich zu archivieren. Über das Internet ist es heute jedem Interessierten möglich, Zugriff auf diese Daten zu nehmen.

Im Herbst 2001 wird die Europäische Weltraumorganisation zusammen mit den nationalen europäischen Raumfahrtorganisationen einen Satelliten mit neuester Technologie in den Orbit bringen. Vor allem steht die Beobachtung der Atmosphäre bei dieser Mission im Vordergrund. Aber auch die Beobachtung der Ozeane und der Landoberfläche wird durch dieses Projekt eine neue Qualität erreichen. ENVISAT ist der Name des bisher größten Satelliten zur Erdbeobachtung. Mit einem Startgewicht von rund acht Tonnen und mit zehn verschiedenen Instrumenten an Bord setzt ENVISAT in der Erdbeobachtung neue Maßstäbe. Wird es zukünftig möglich sein, internationale Konventionen wie z. B. die in Kyoto vereinbarte Reduktion des Kohlendioxidausstoßes zu quantifizieren und zu überwachen? Die mit ENVISAT geplante Forschung wird es zeigen.

Bei allen Möglichkeiten, die die Fernerkundung schon heute bietet, muss man sich über eines im Klaren sein. Die Phase der kommerziellen Nutzung der Erdbeobachtung hat gerade erst begonnen. Die Fernerkundungsflotte ist bisher primär für wissenschaftliche und hoheitliche Aufgaben entwickelt worden und für eine kommerzielle Nutzung nur in Teilbereichen einsetzbar. Der Markt beschränkt sich bisher im Wesentlichen auf die Veredelung der Daten und die Integration von Informationen aus verschiedenen Datenquellen, denn erst die Kombination verschiedener Fernerkundungsdaten untereinander und die Integration geographischer Informationssysteme lässt eine weitergehende Nutzung zu.

Ob es den neuen, höchst auflösenden und primär kommerziell ausgerichteten Systemen wie IKONOS, EarlyBird, TerraSAR und RapidEye gelingt, diesen Markt weiter zu erschließen, muss sich zeigen. Beispiele dieser richtungsweisenden Technologien, die erstmals räumliche Auflösungen von einem Meter und weniger aus dem Weltraum bieten, sind in den folgenden Bildbeispielen zu sehen.

ROBERT MEISNER
Leiter Marketing & Medien
Deutsches Fernerkundungsdatenzentrum des DLR

Who is who

Deutsches Zentrum für Luft- und Raumfahrt e.V. (DLR), Deutschland

www.dlr.de

Das DLR ist das Forschungszentrum für Luft- und Raumfahrt und die Raumfahrtagentur Deutschlands.

- Das **Deutsche Fernerkundungsdatenzentrum (DFD)** des DLR ist das nationale Archiv für Fernerkundungsdaten. Es betreibt das weltweit größte Netz von Empfangsstationen, ein Großarchiv, sowie Systeme zur Prozessierung und Datenverteilung. Das DFD ist der größte Partner im Netzwerk der Europäischen Raumfahrtagentur ESA.

  www.dfd.dlr.de

National Aeronautics and Space Administration (NASA), USA

Die NASA ist die nationale Raumfahrteinrichtung der USA. Institute der NASA sind u. a.:

- Das **Jet Propulsion Laboratory (JPL)**, Pasadena, Ca., das führende Zentrum für die Erforschung des Weltraums mit Robot-Sonden. Es ist außerdem zuständig für die Durchführung der NASA-Radarmissionen.

  www.jpl.nasa.gov
- Das **Goddard Space Flight Center (GSFC), Greenbelt, Md.**, die größte wissenschaftliche Einrichtung zur Erforschung der Erde, des Solarsystems und des Universums in den USA.

  www.gsfc.nasa.gov

US Geological Survey, EROS Data Center, USA

earthexplorer.usgs.gov

Das EROS-Datenzentrum ist das nationale Archiv der USA für Fernerkundungsdaten von der Landoberfläche. Das Archiv enthält Luftbilder der USA, Höhendaten, freigegebene Satellitenaufnahmen und die globalen Landsat-Daten über nahezu 30 Jahre.

Space Imaging Co., USA

www.spaceimaging.com

Space Imaging (gegründet 1994) betreibt seit 24.9.1999 IKONOS, den ersten kommerziellen Satelliten mit 1 m Auflösung. Die aus diesen Daten abgeleiteten Produkte stehen im CARTERRA™ Archiv bereit.

National Remote Sensing Agency (NRSA), Indien

NRSA (gegründet 1974) ist eine Organisation des Department of Space, Indien. NRSA betreibt ein Bodensegment, das Datenempfang, Produkterzeugung, Groß-Archiv, Entwicklung, Befliegungen und die Unterstützung von Applikationen bereitstellt.

China Remote Sensing Ground Station (China RSGS), PR China

China RSGS (gegründet 1979 im Rahmen der wissenschaftlich-technischen Kooperation zwischen den USA und China) empfängt Daten von Landsat-5/-7, ERS -1/-2, SPOT 1/2/4, RADARSAT 1 und CBERS zur Unterstützung der chinesischen Nutzer.

Gesellschaft für Angewandte Fernerkundung mbH (GAF), Deutschland

www.gaf.de

GAF (gegründet 1985) befasst sich mit der Veredelung von Fernerkundungsdaten, Geo-Informationen und GIS-Applikationen.

Radarsat International Inc. (RSI), Kanada

www.rsi.ca

RSI (gegründet 1989) ist ein weltweit agierender Distributor für Information auf der Basis von Radardaten. RSI betreibt seit 1996 Radarsat-1 und bereitet den Start des Nachfolgers Radarsat-2 (2003) vor.

Asian Center for Research on Remote Sensing (ACRoRS), Thailand

www.acrors.ait.ac.th

ACRoRS ist ein Joint Venture des Asian Institute of Technology (AIT) und der Asian Association on Remote Sensing (AARS) zur Förderung der Fernerkundung im asiatisch-pazifischen Raum.

Australian Centre for Remote Sensing (ACRES), Australien

www.auslig.gov.au/acres

ACRES ist Australiens wichtigste Bodenstation für Erdbeobachtungssatelliten. ACRES stellt auch die Kapazitäten zur Prozessierung der Daten bereit.

National Space Development Agency of Japan (NASDA), Japan

www.nasda.go.jp

Die NASDA (gegründet 1969) ist der Nukleus für die friedliche Erforschung und Nutzung des Weltraums in Japan. NASDA betreibt die Entwicklung von Satelliten, Experimenten (auch für die Raumstation), Trägerraketen und die benötigten Methoden, Geräte und Einrichtungen und führt Startkampagnen durch.

National Oceanic and Atmospheric Administration (NOAA), USA

www.noaa.gov

NOAA ist der nationale Wetterservice der USA. Ein System aus polar umlaufenden und geostationären Wettersatelliten wird von NOAA betrieben.

Canadian Centre for Remote Sensing (CCRS), Kanada

ccrs.nrcan.gc.ca

CCRS ist das Zentrum für die Erdbeobachtung in Kanada. Es ist zuständig für Empfang, Prozessierung und Archivierung sowie Verteilung der Fernerkundungsdaten in Kanada.

Planetary Visions, England

www.planetaryvisions.com

Planetary Visions erstellt Computeranimationen und -grafiken aus Fernerkundungsdaten. Die Produktion erfolgt primär für TV-, Print- und Multimediaanwendungen.

Orbital Imaging Corp. (Orbimage), USA

www.orbimage.com

Orbimage befasst sich mit der Bereitstellung kostengünstiger Fernerkundungsbilder. In Kooperation mit NASA GFSC vertreibt es u. a. die Bilder des Satelliten zur Beobachtung der Ozeane (SeaWiFS).

HUGIN AG, Deutschland

www.huginag.de

HUGIN befasst sich mit der Erstellung, Analyse und Visualisierung von Informationen aus Satellitenbildern und bietet GIS und Kartierung an.

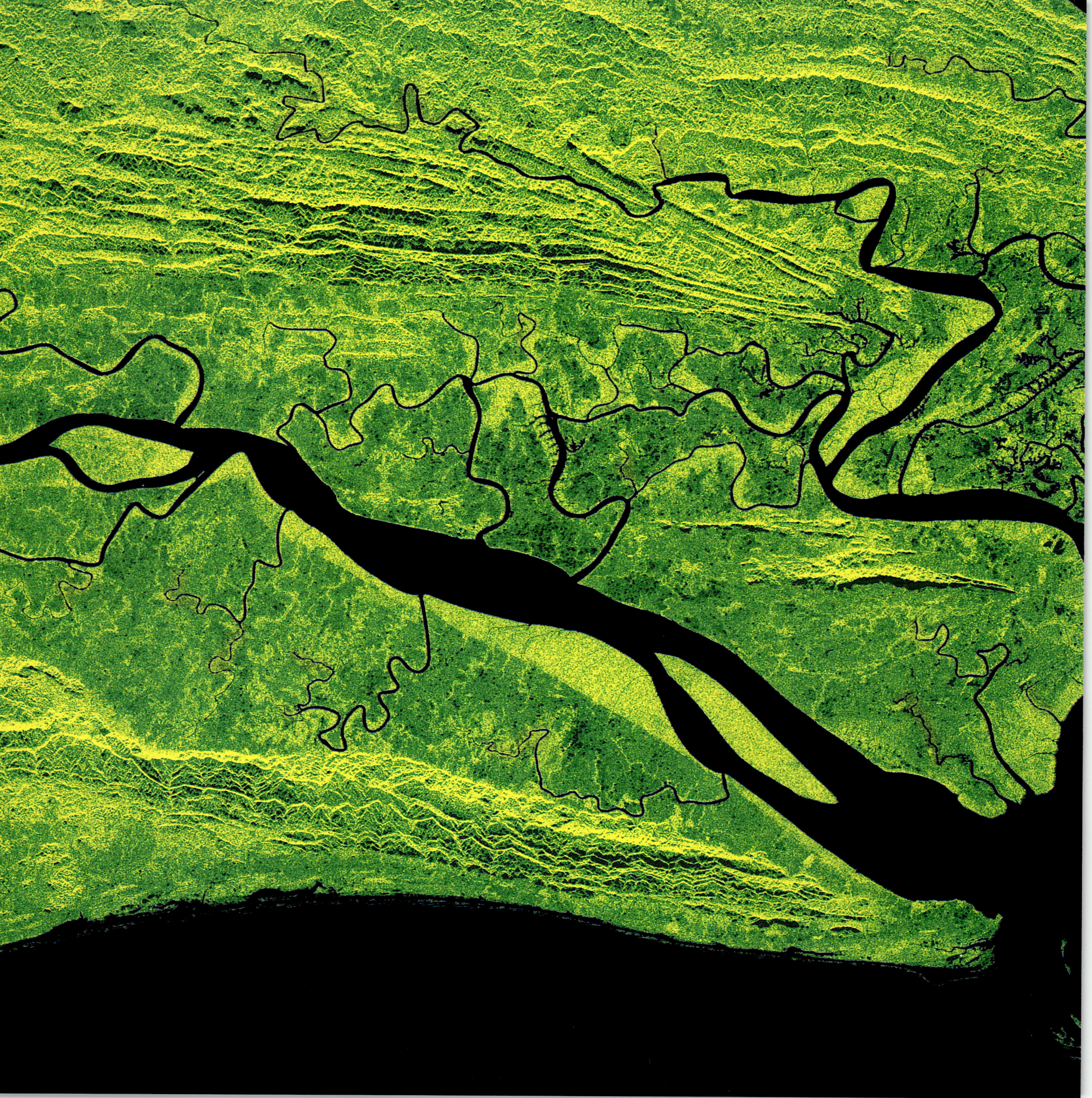

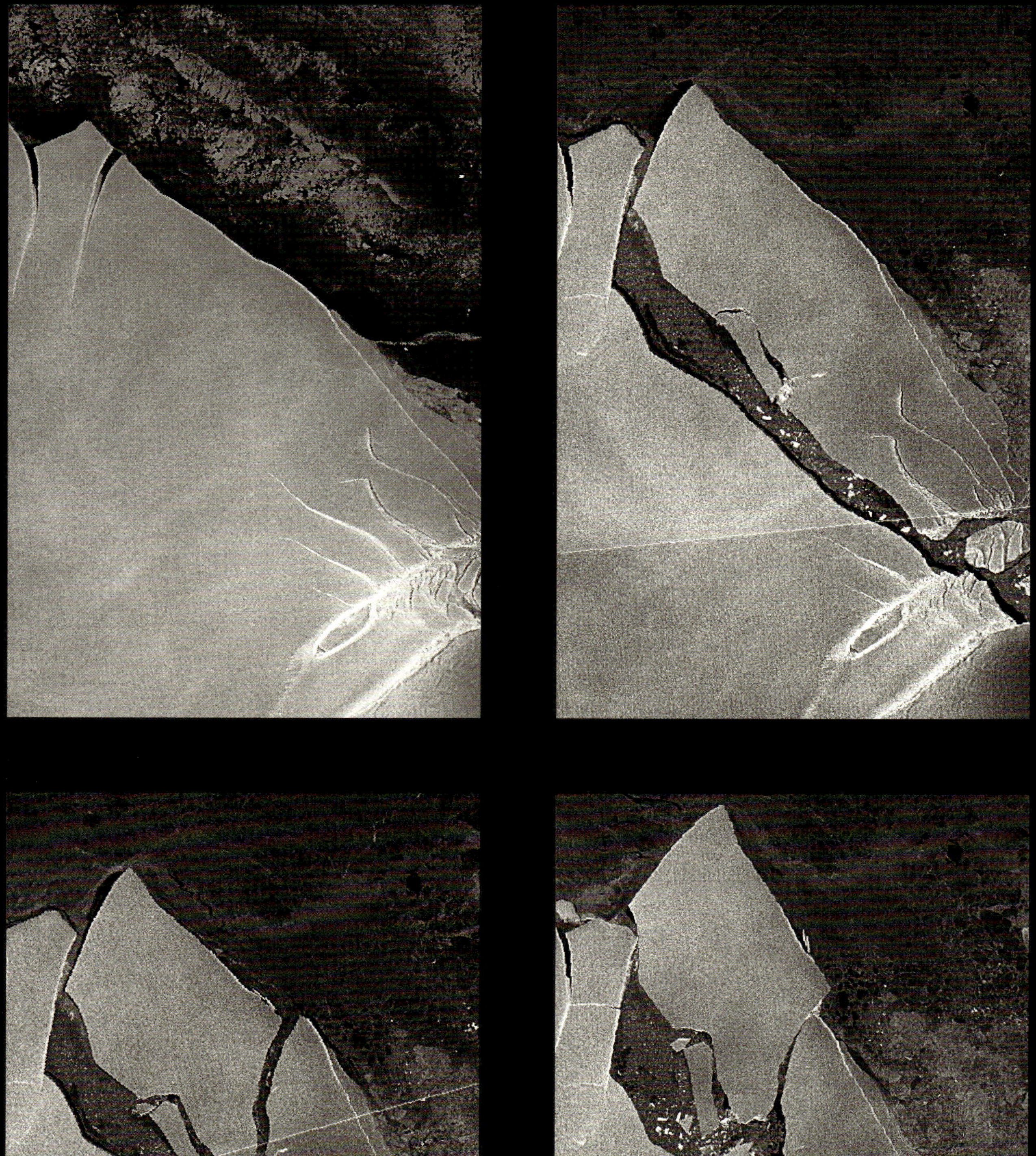

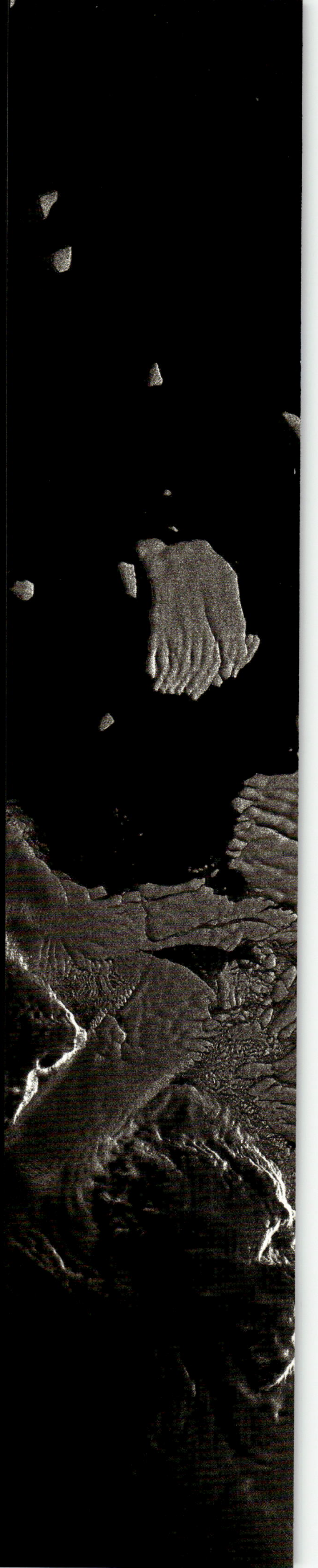

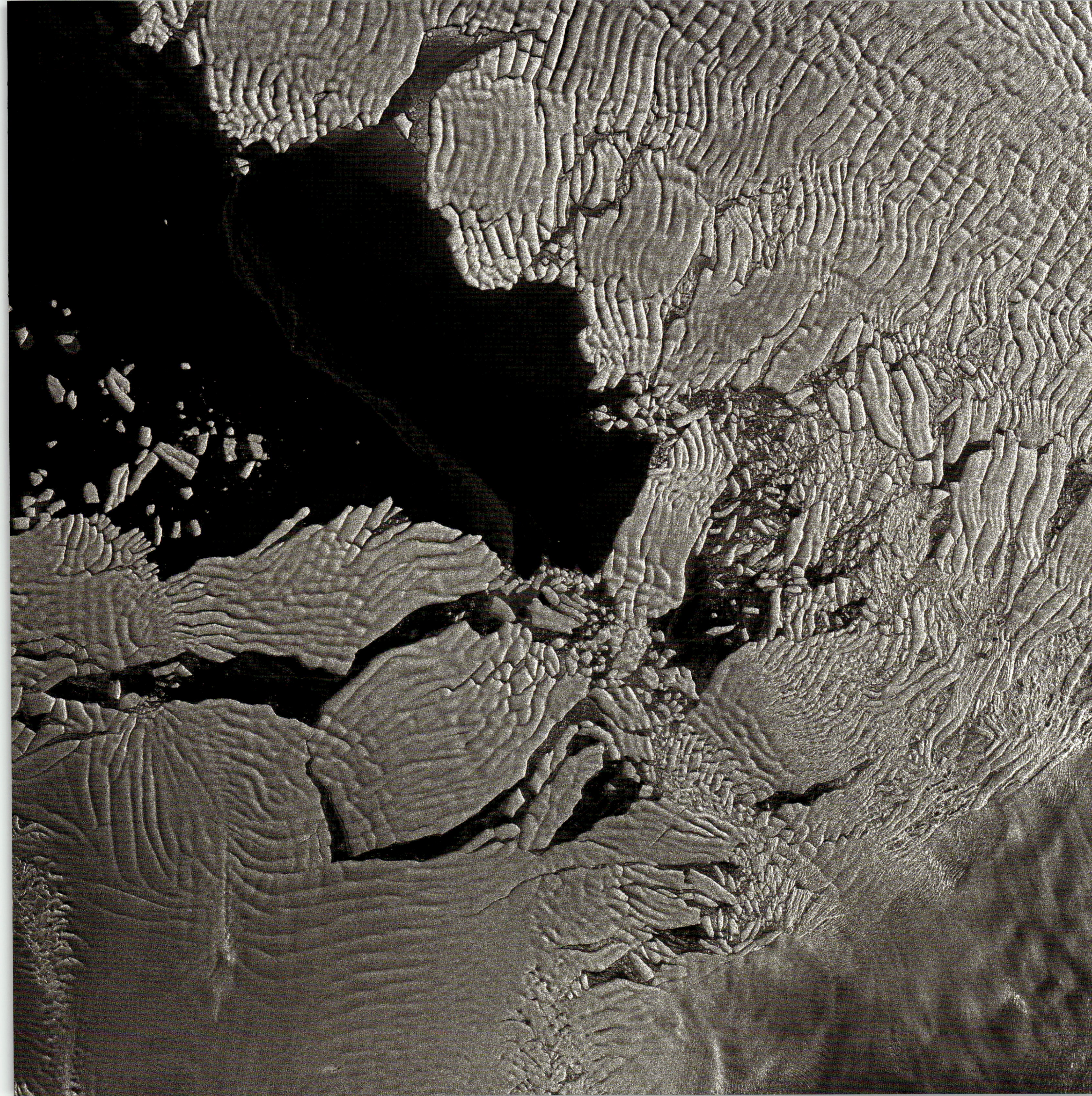

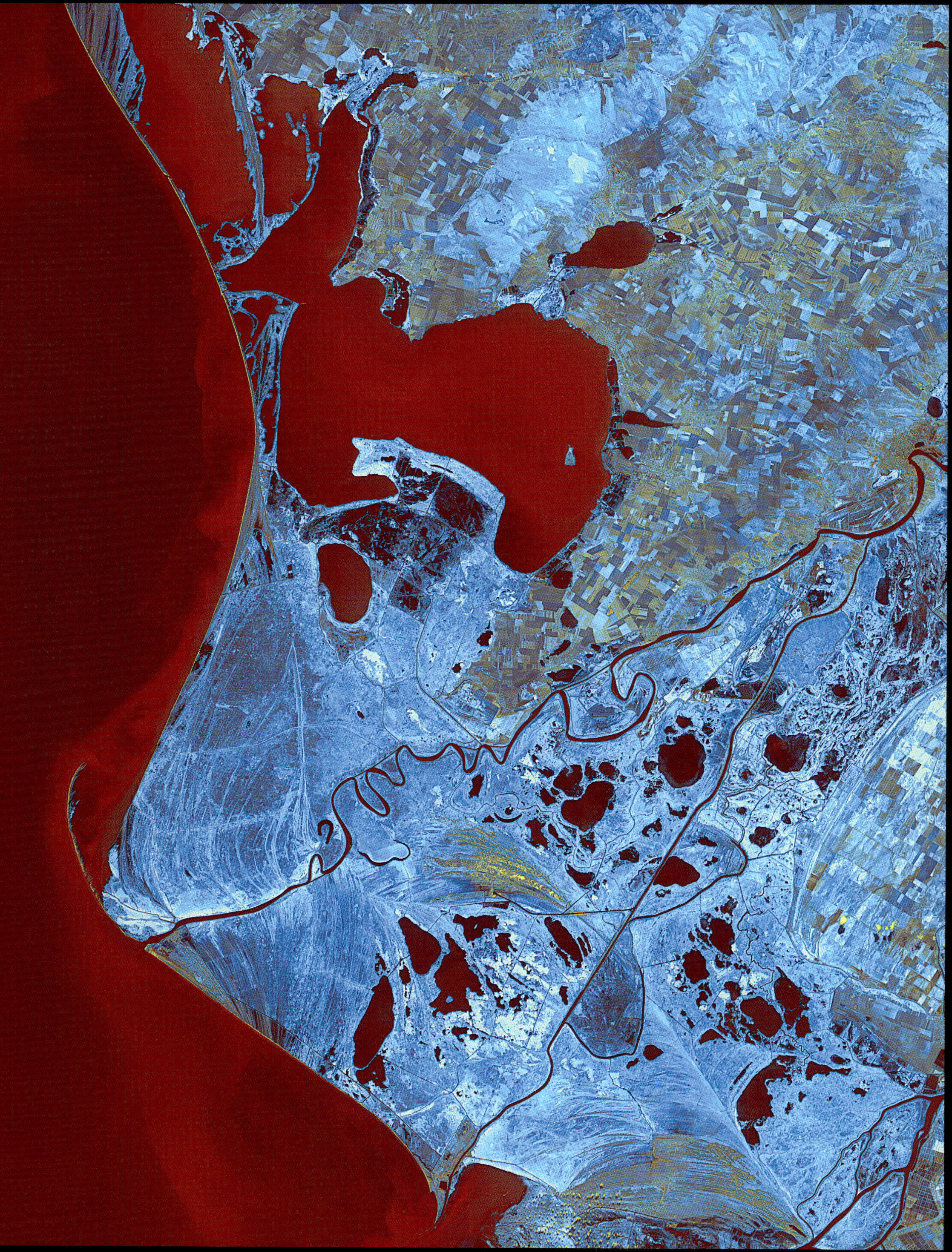

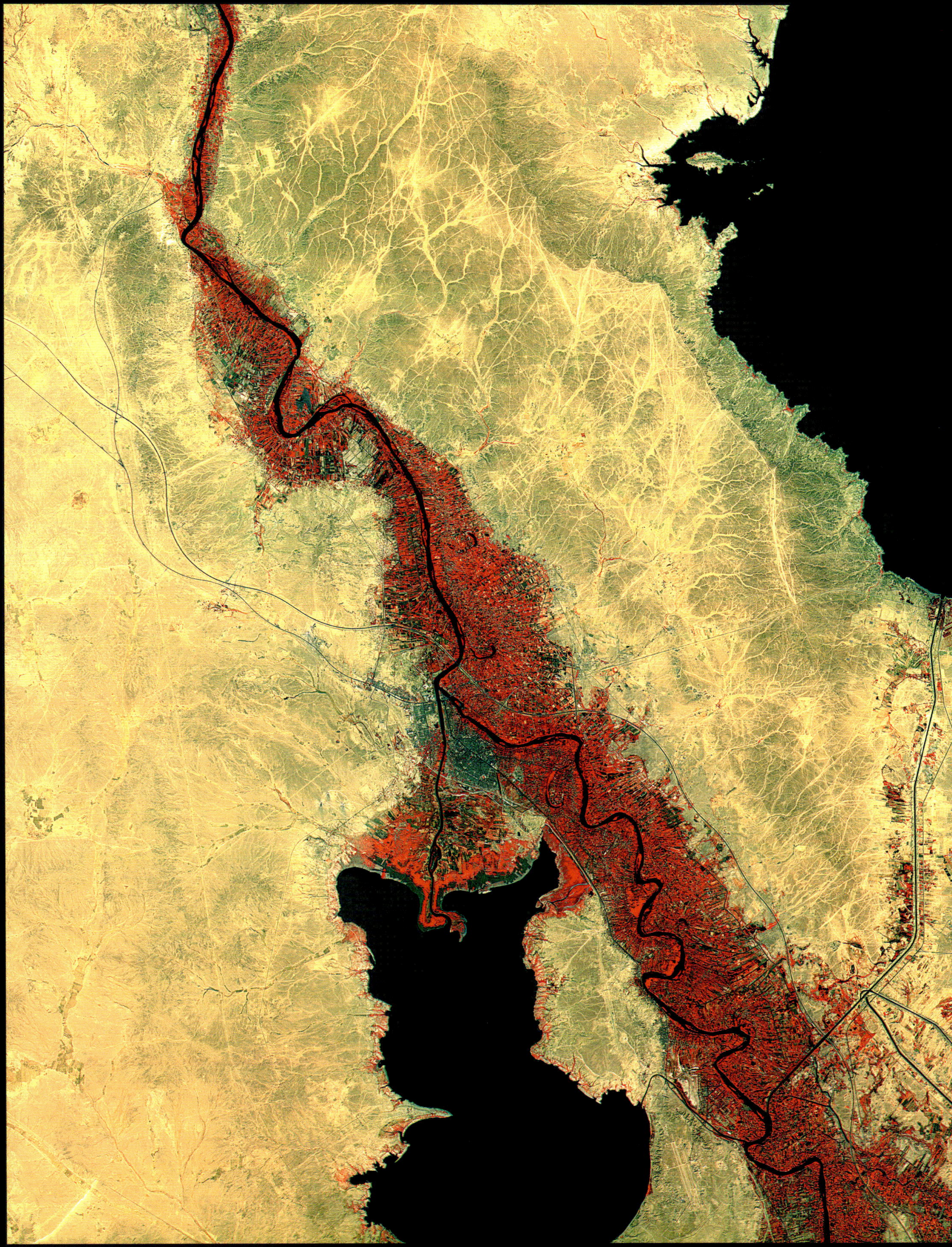

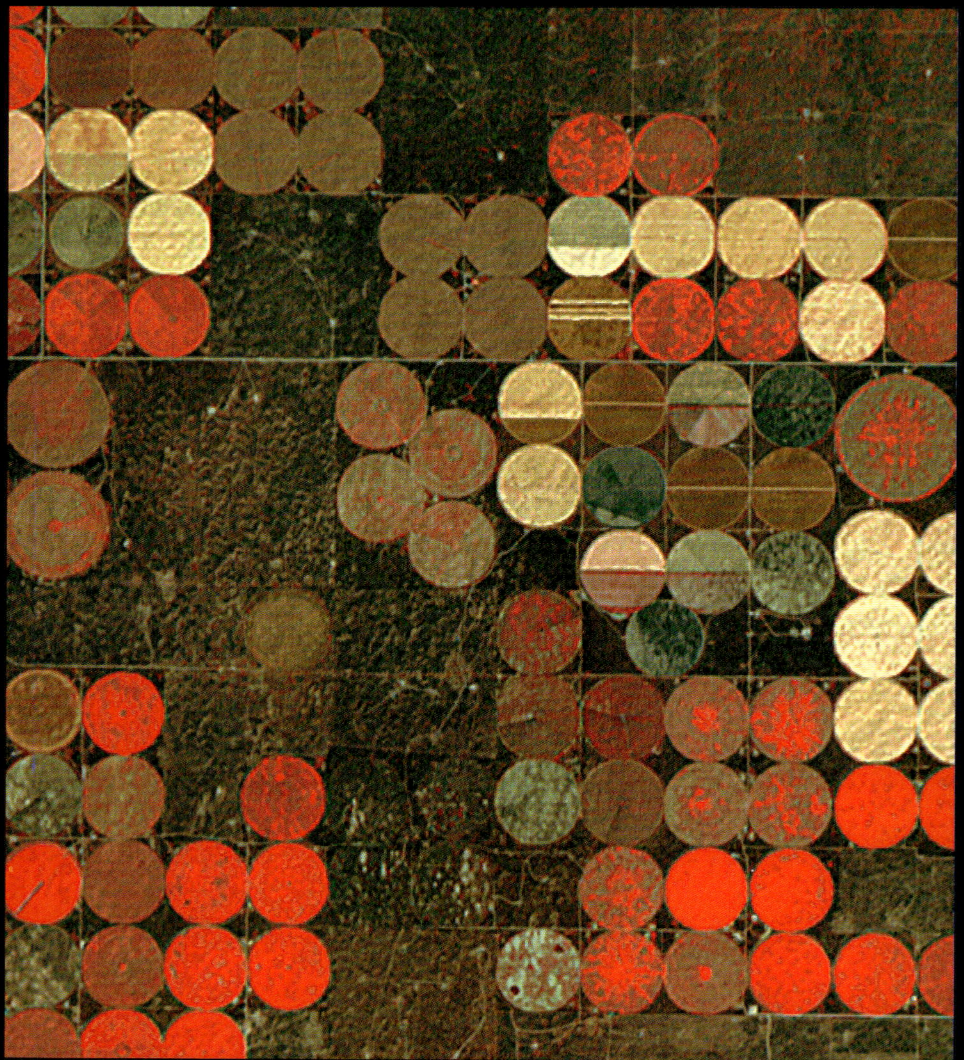

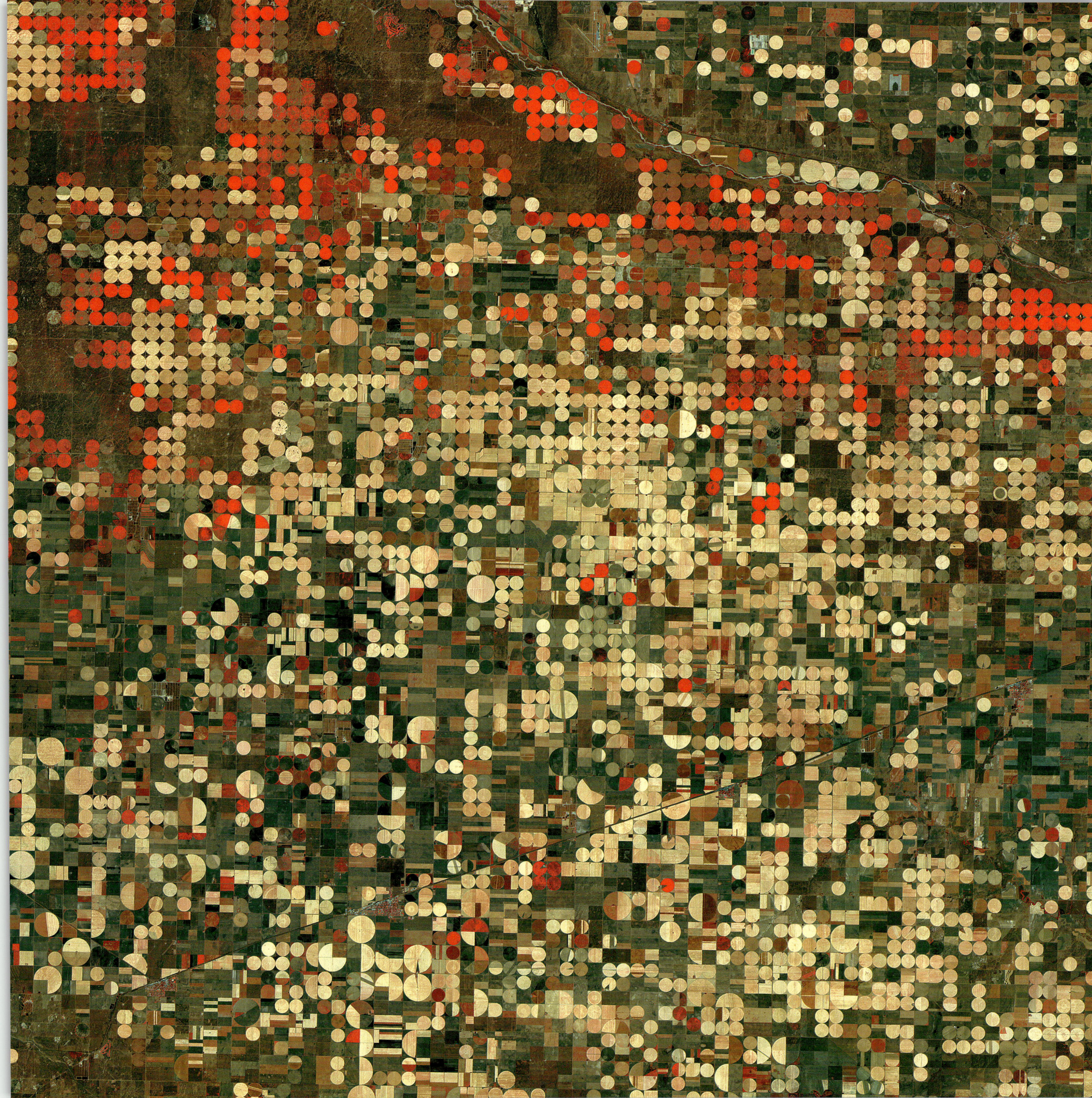

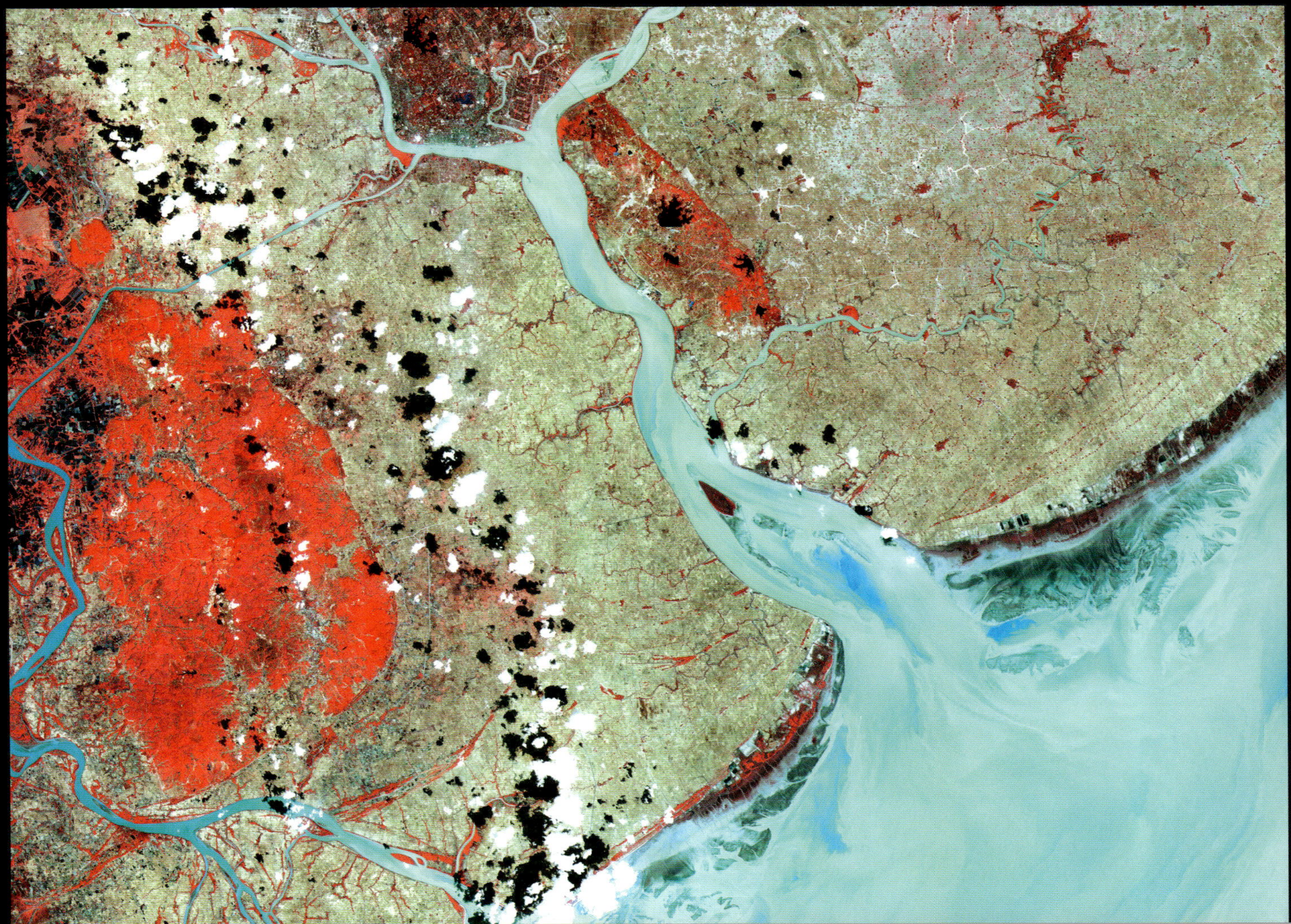

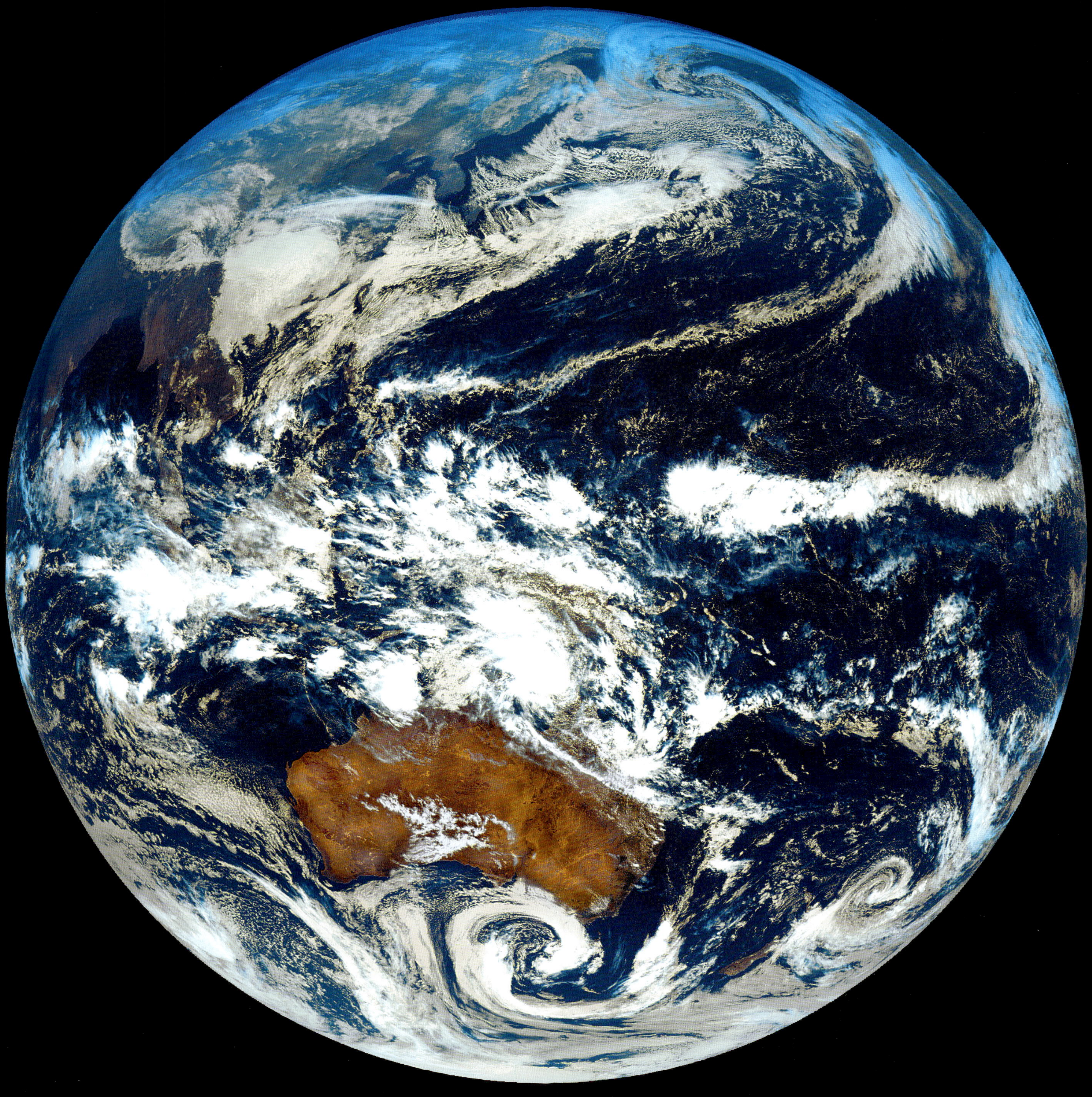

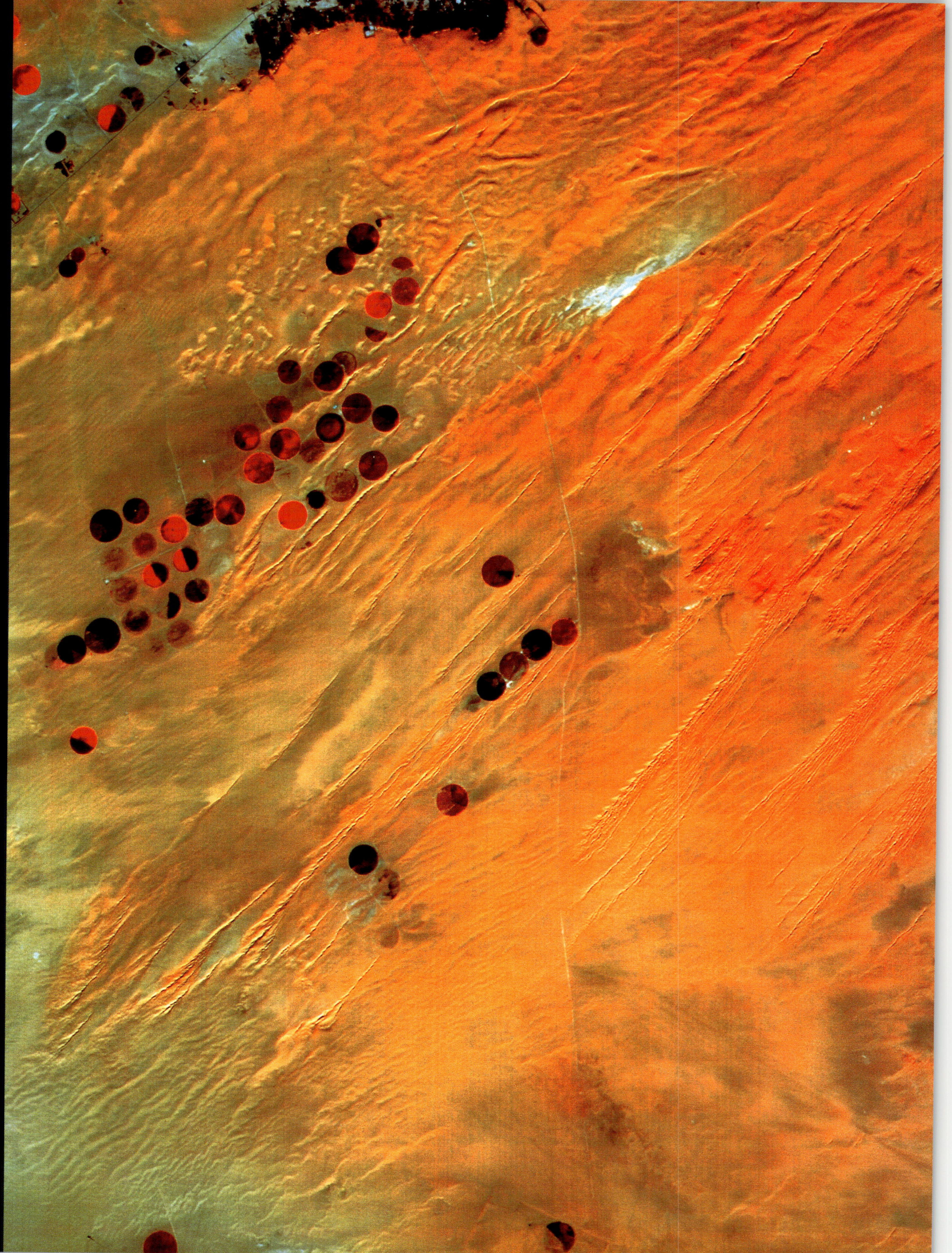

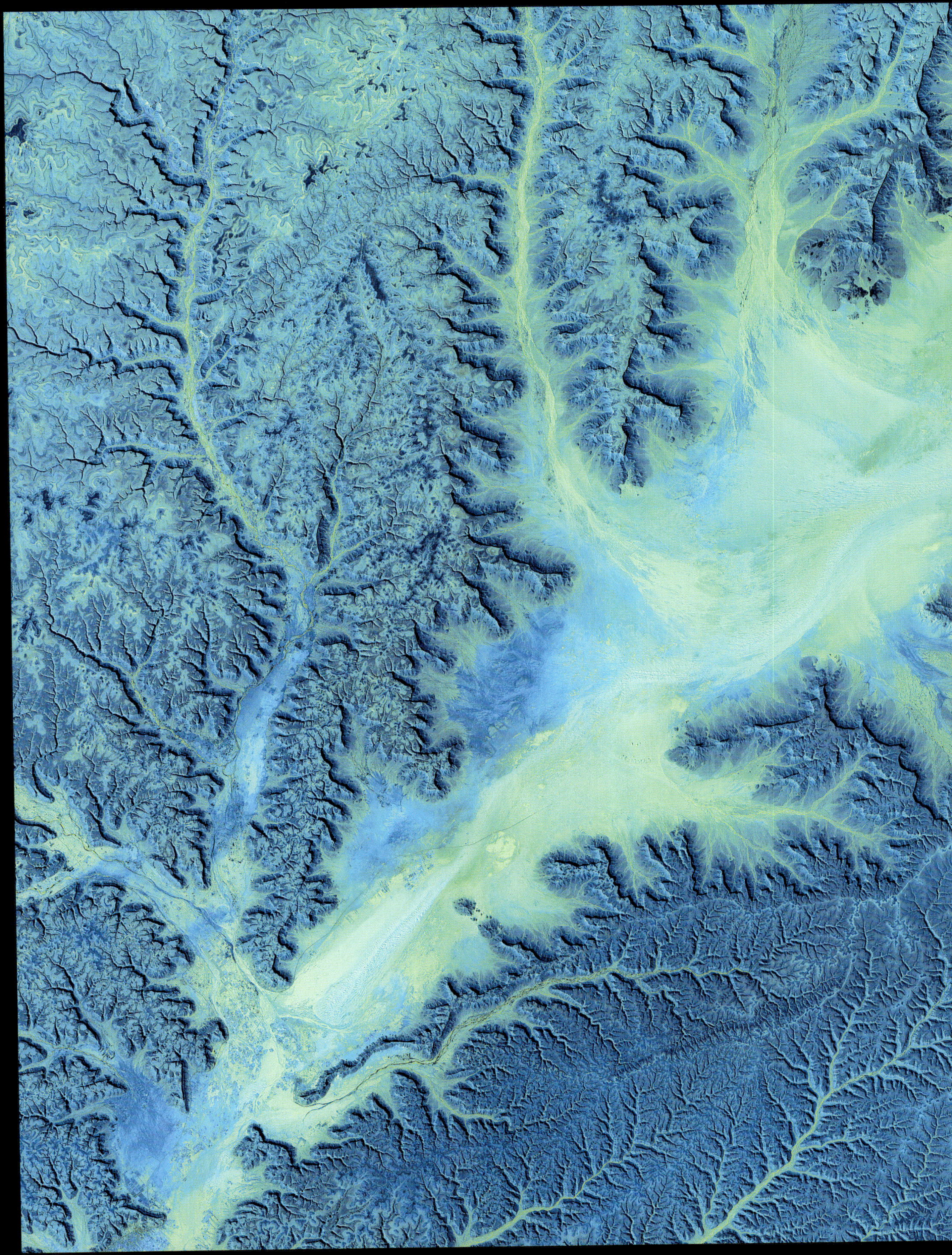

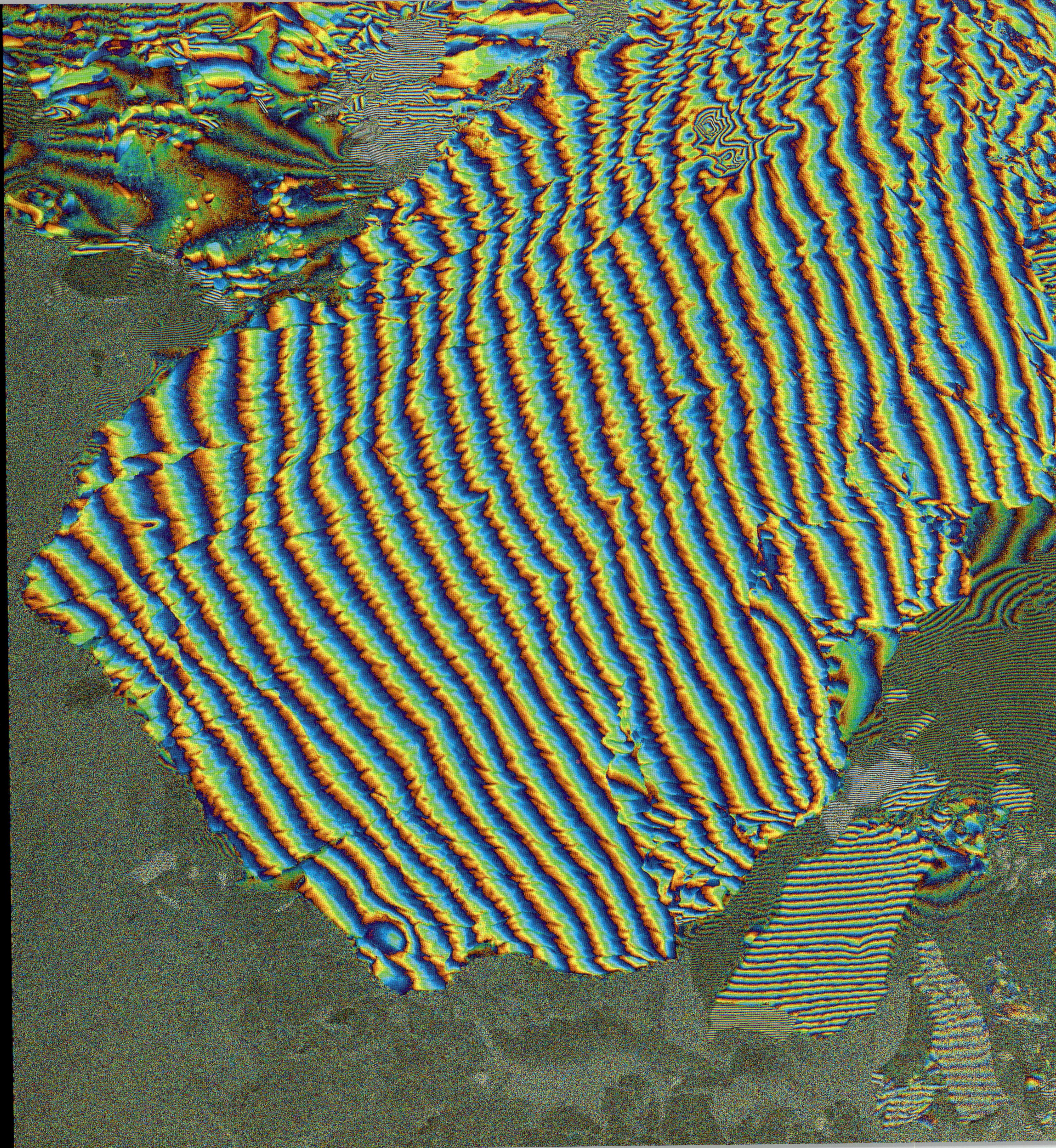

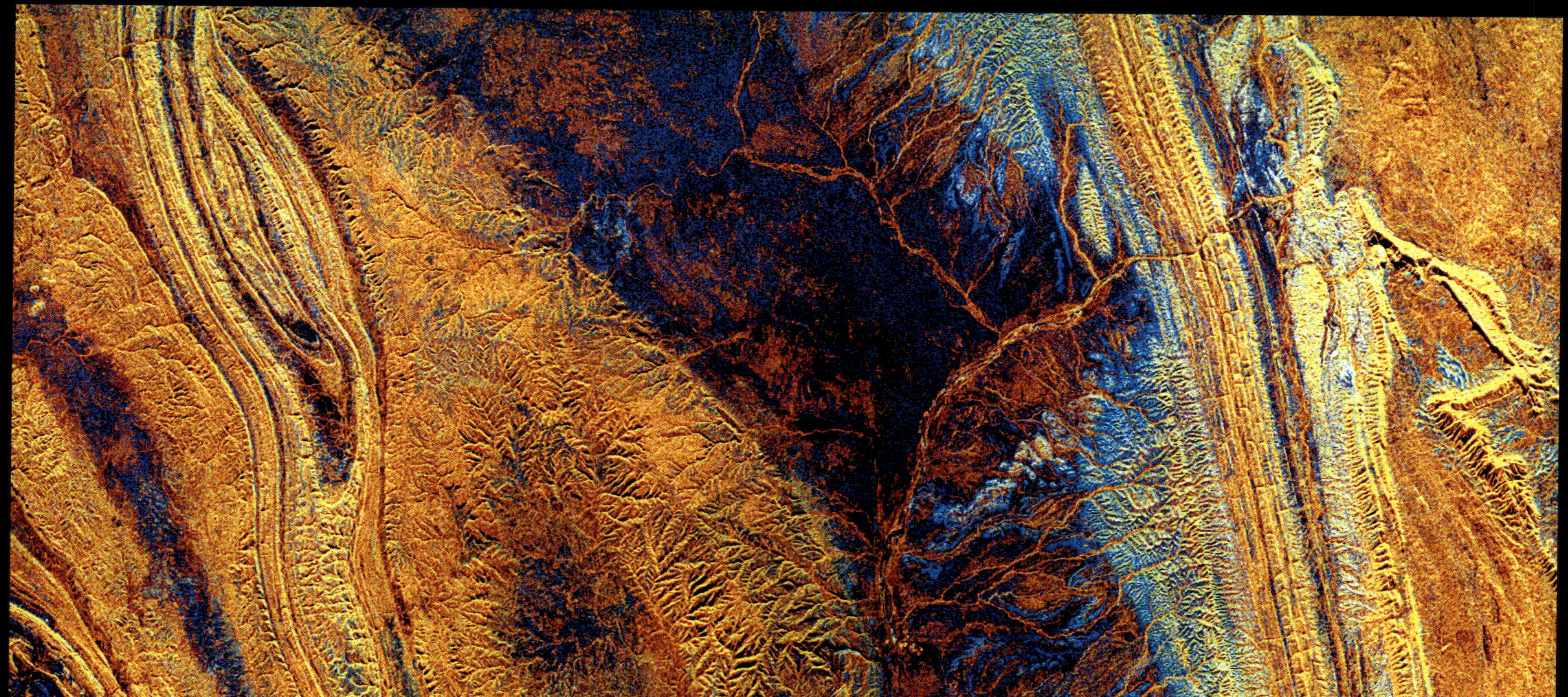

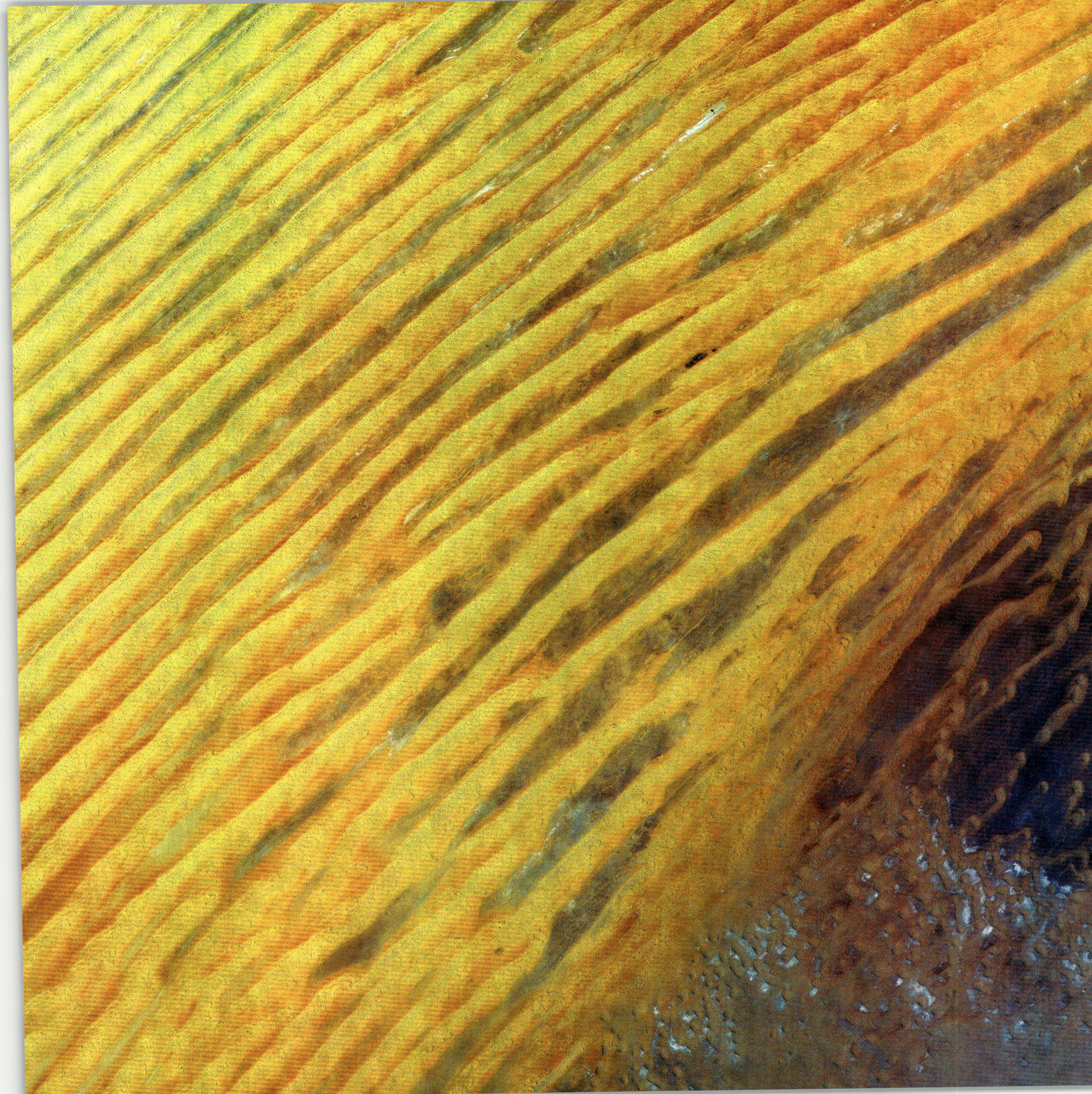

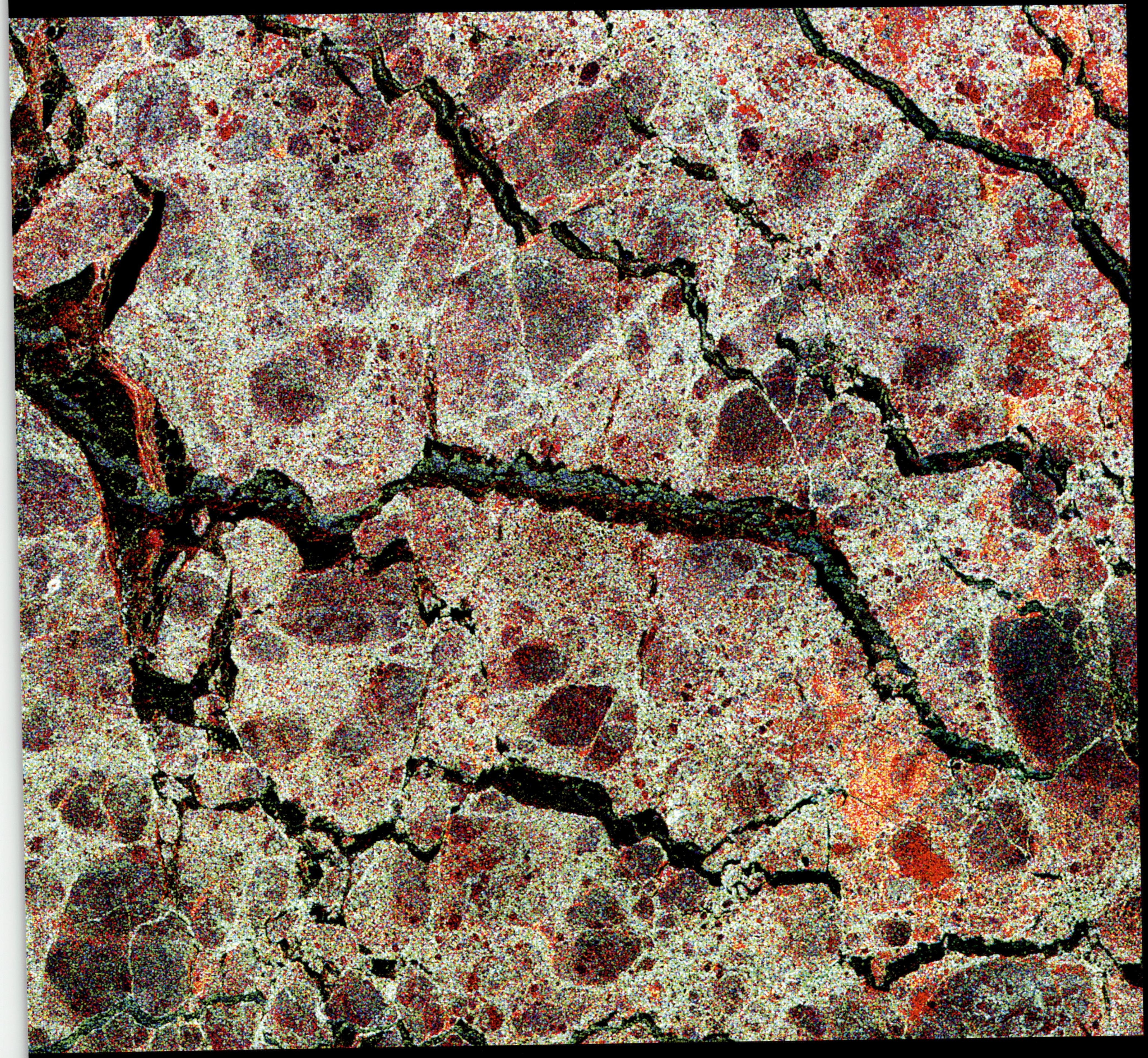

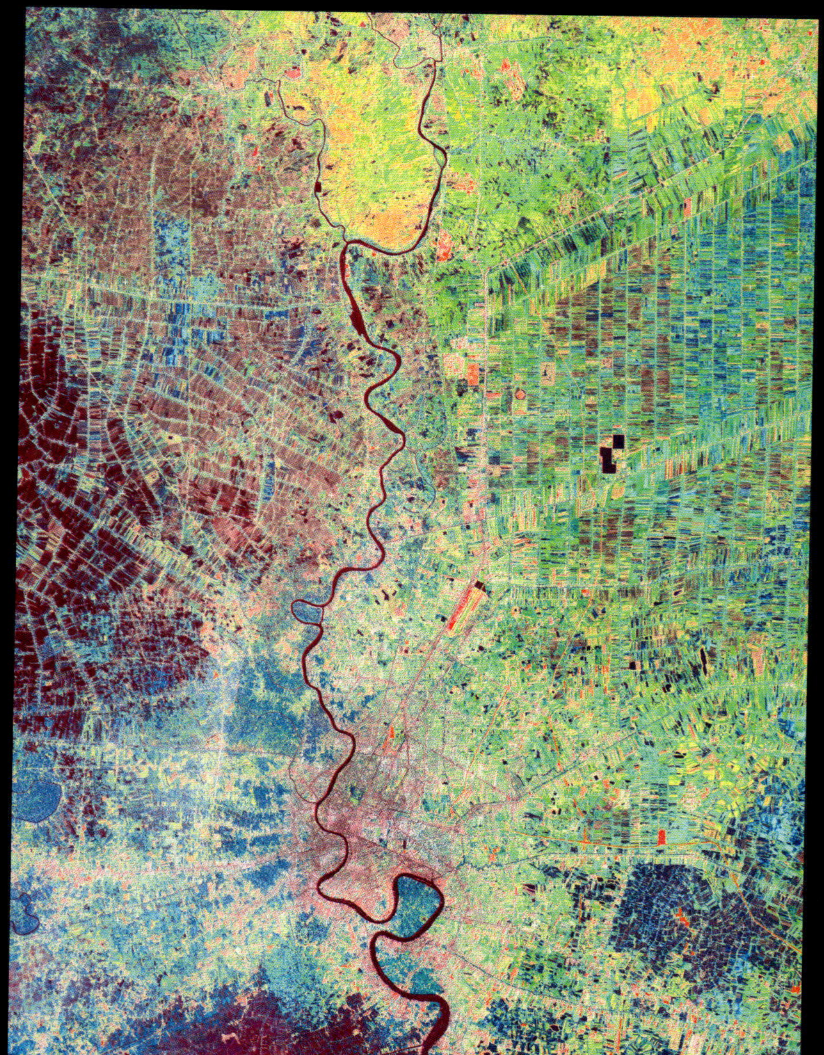

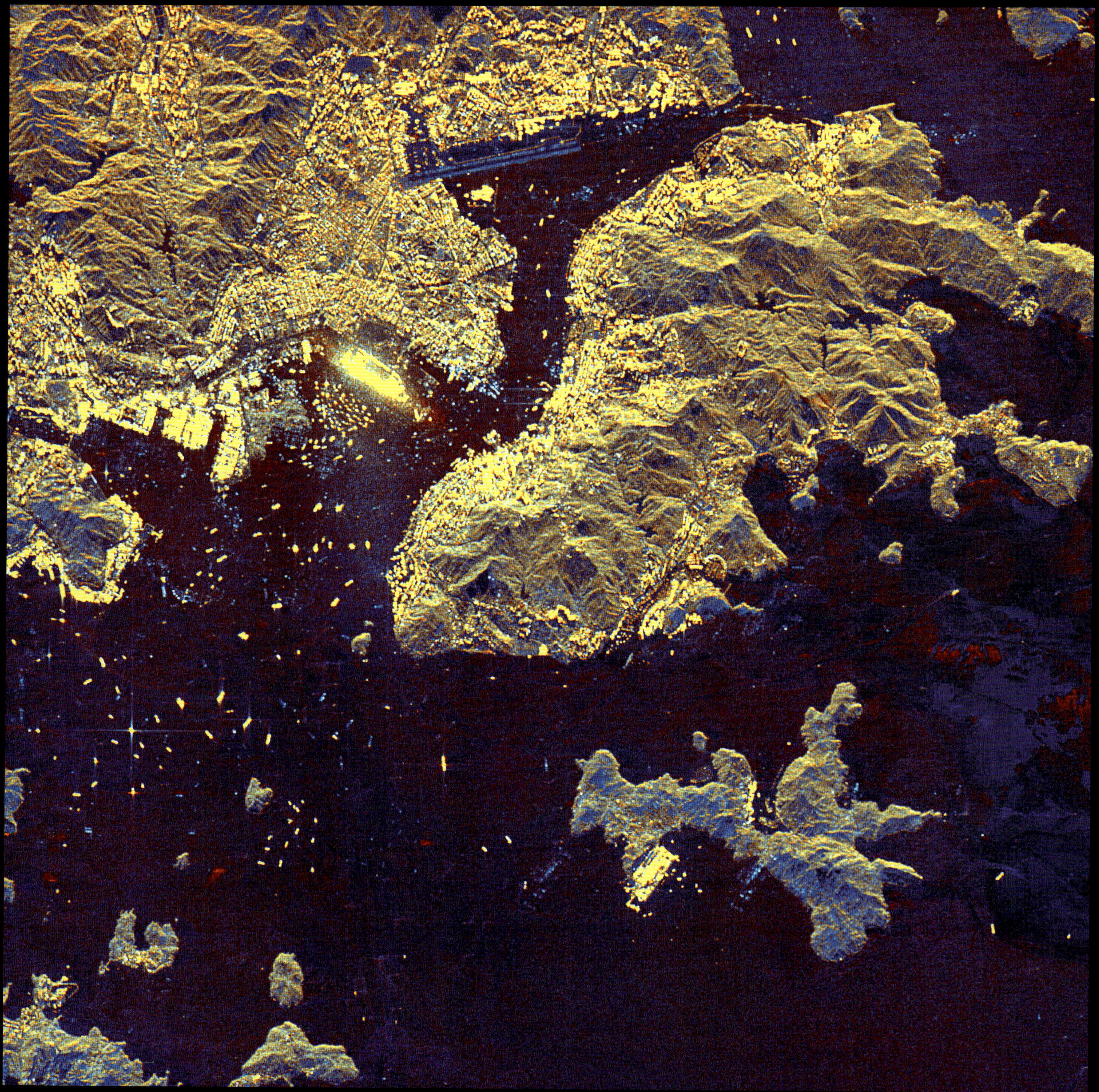

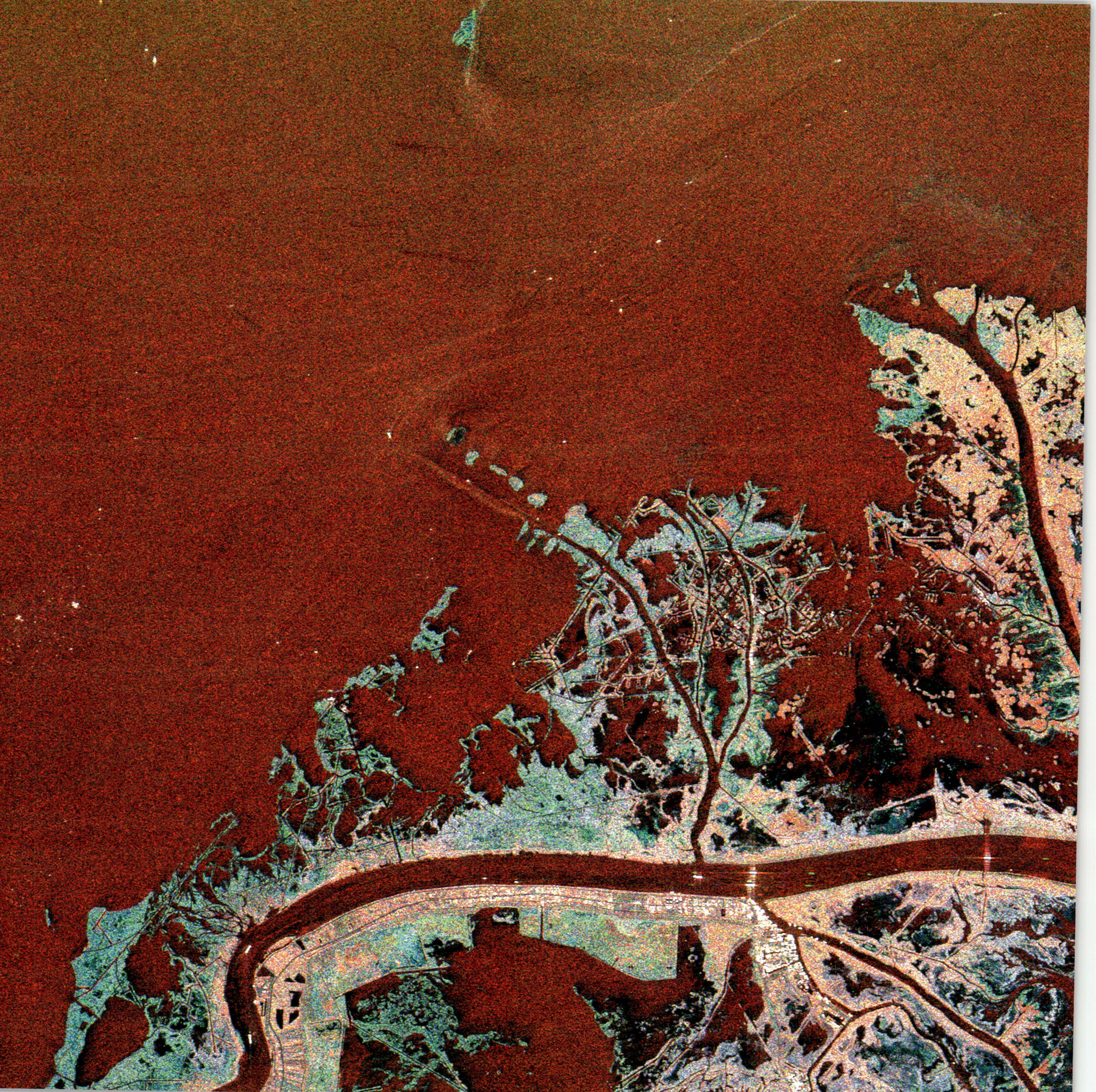

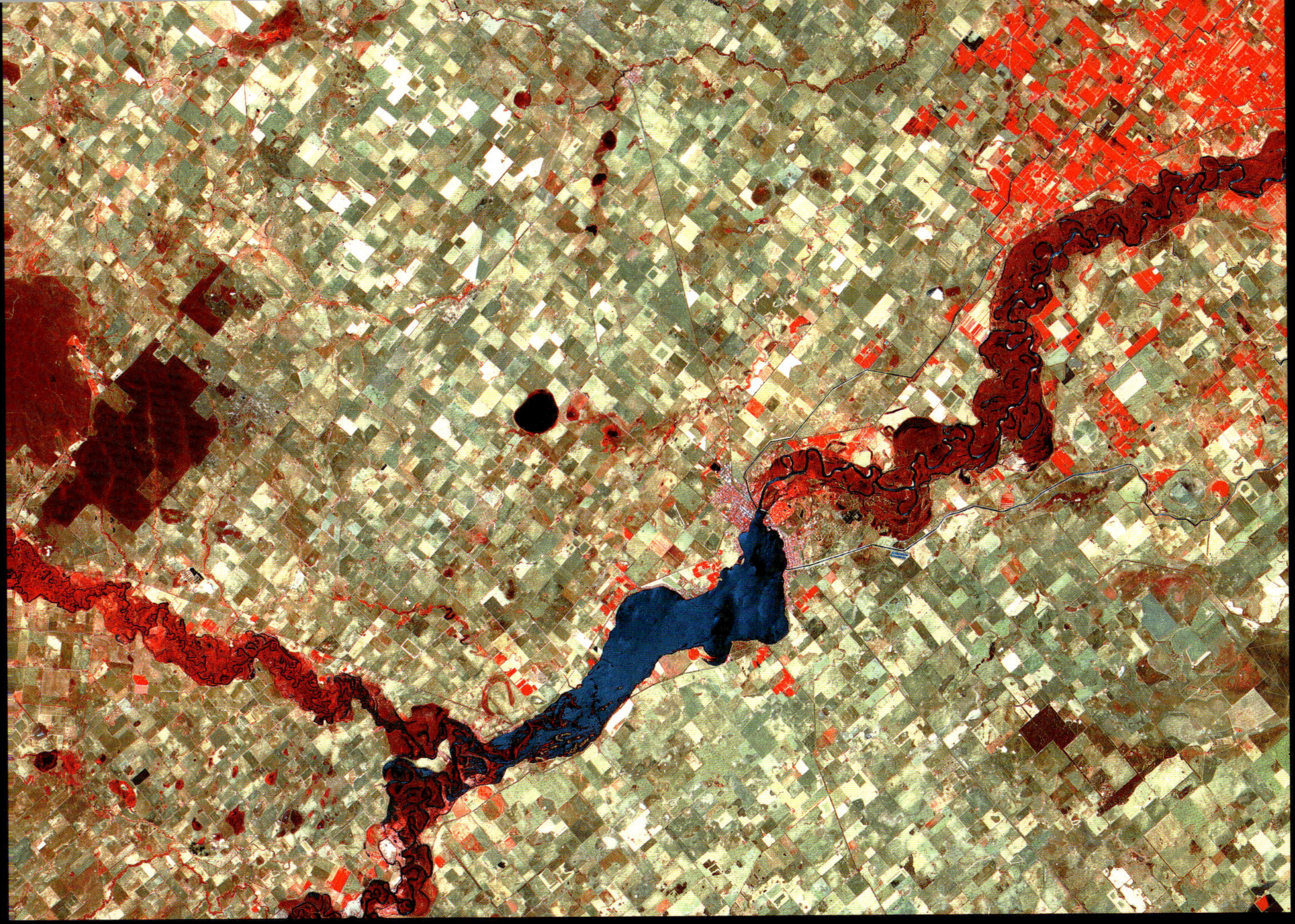

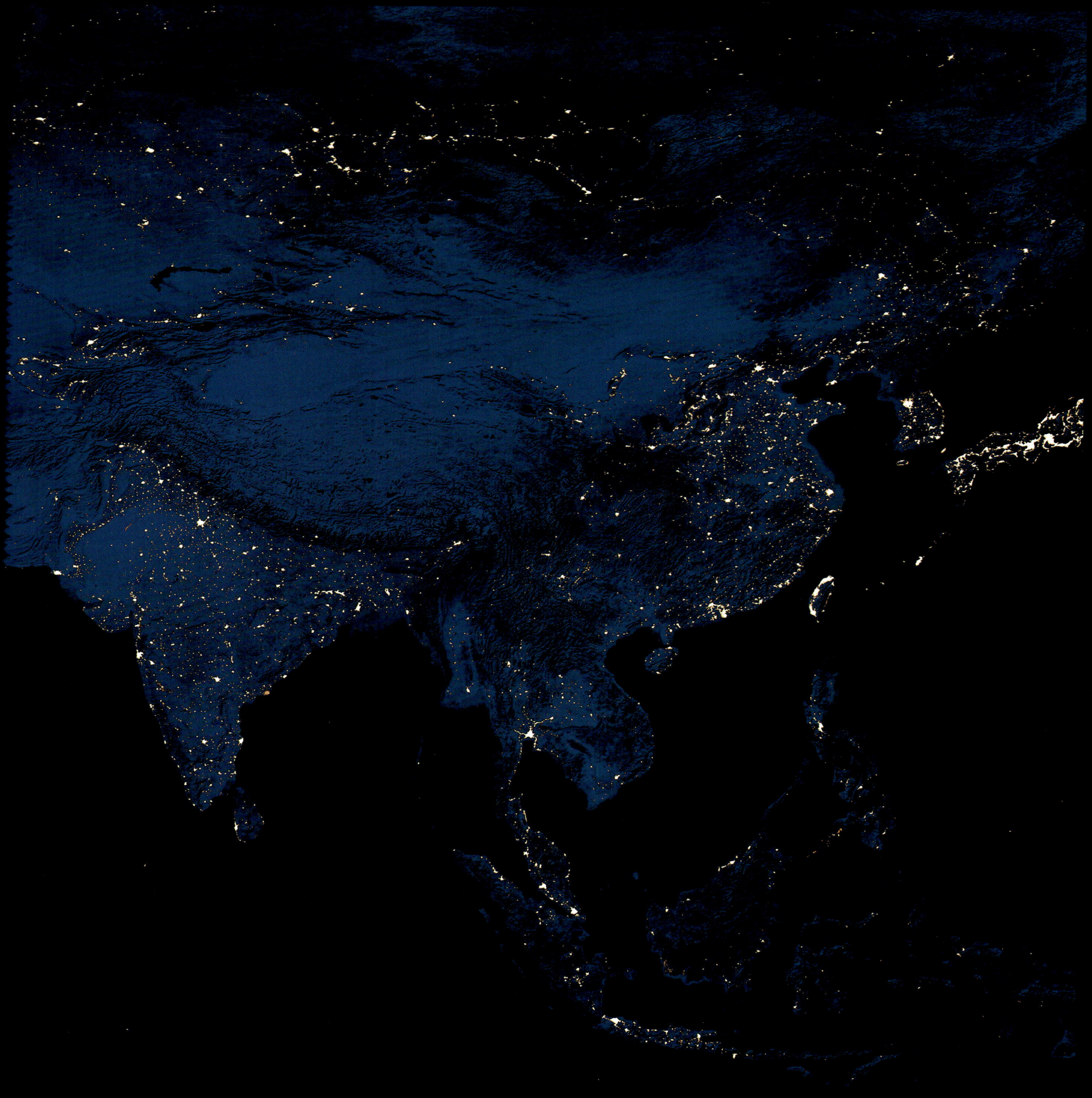

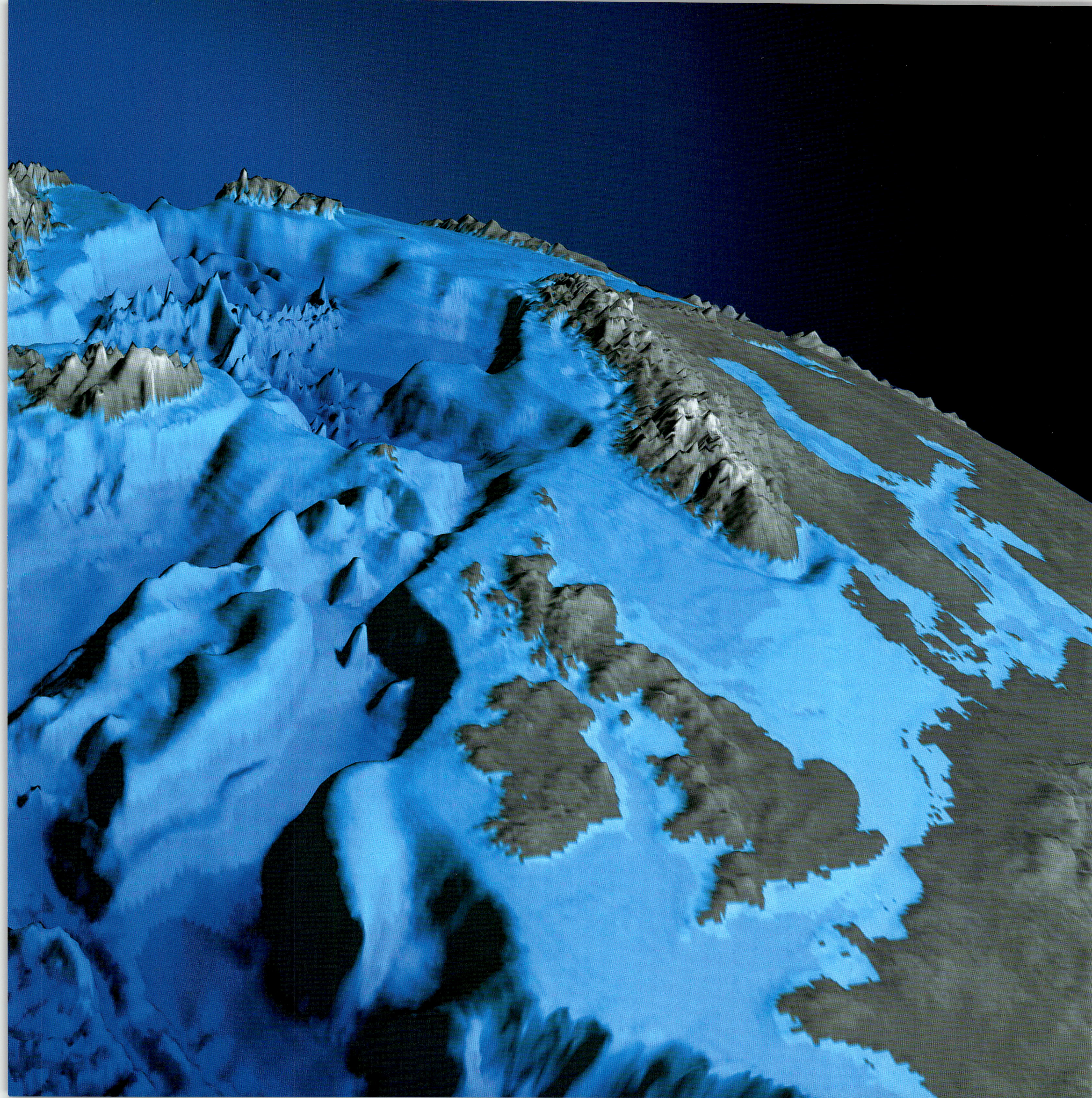

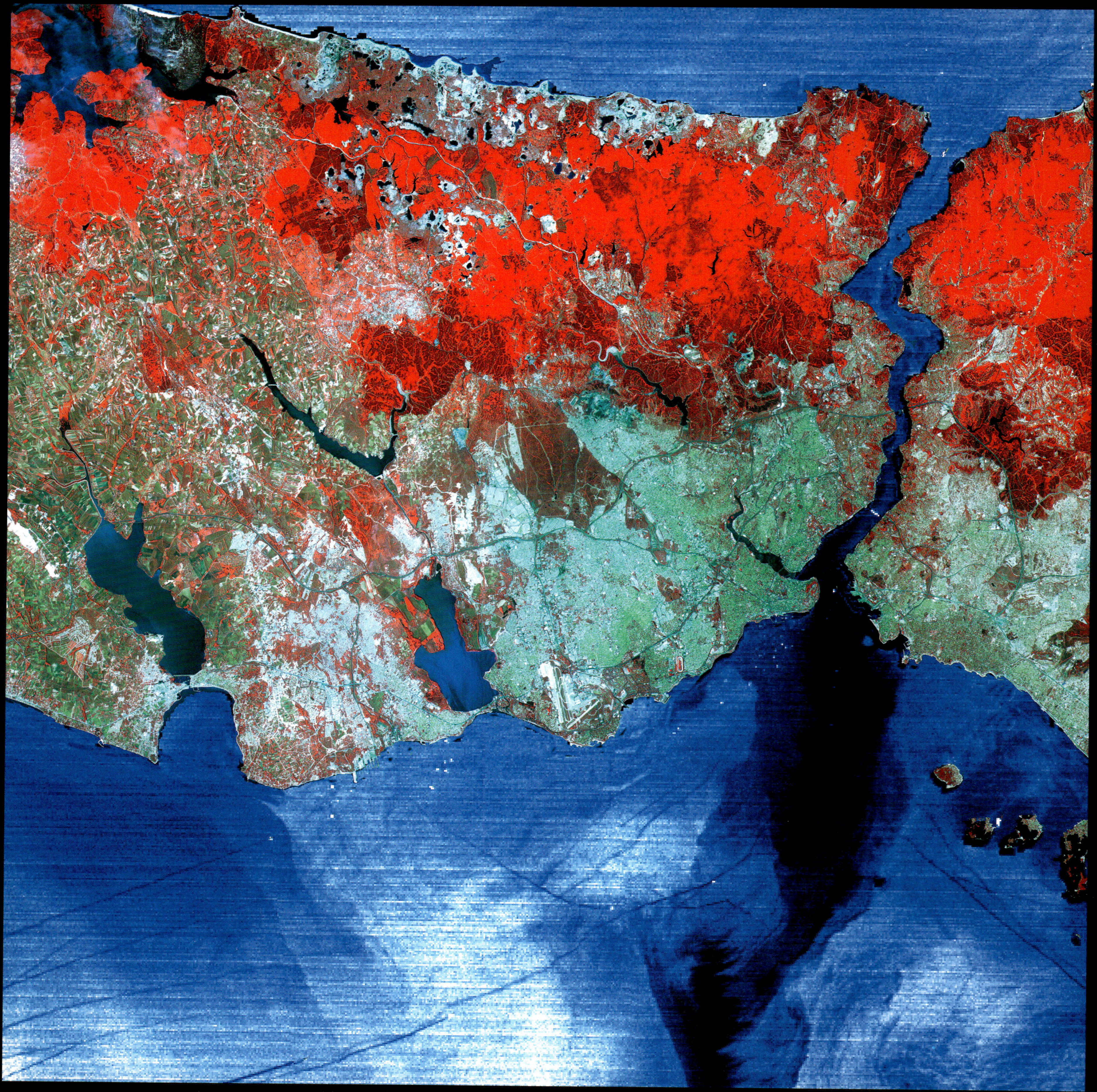

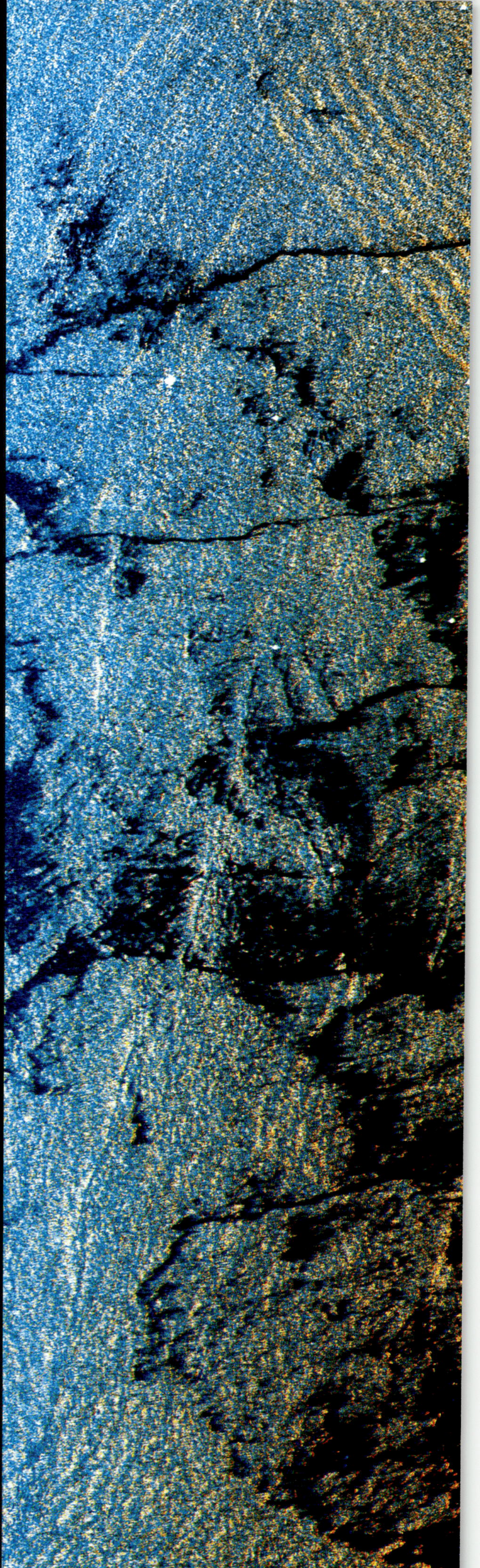

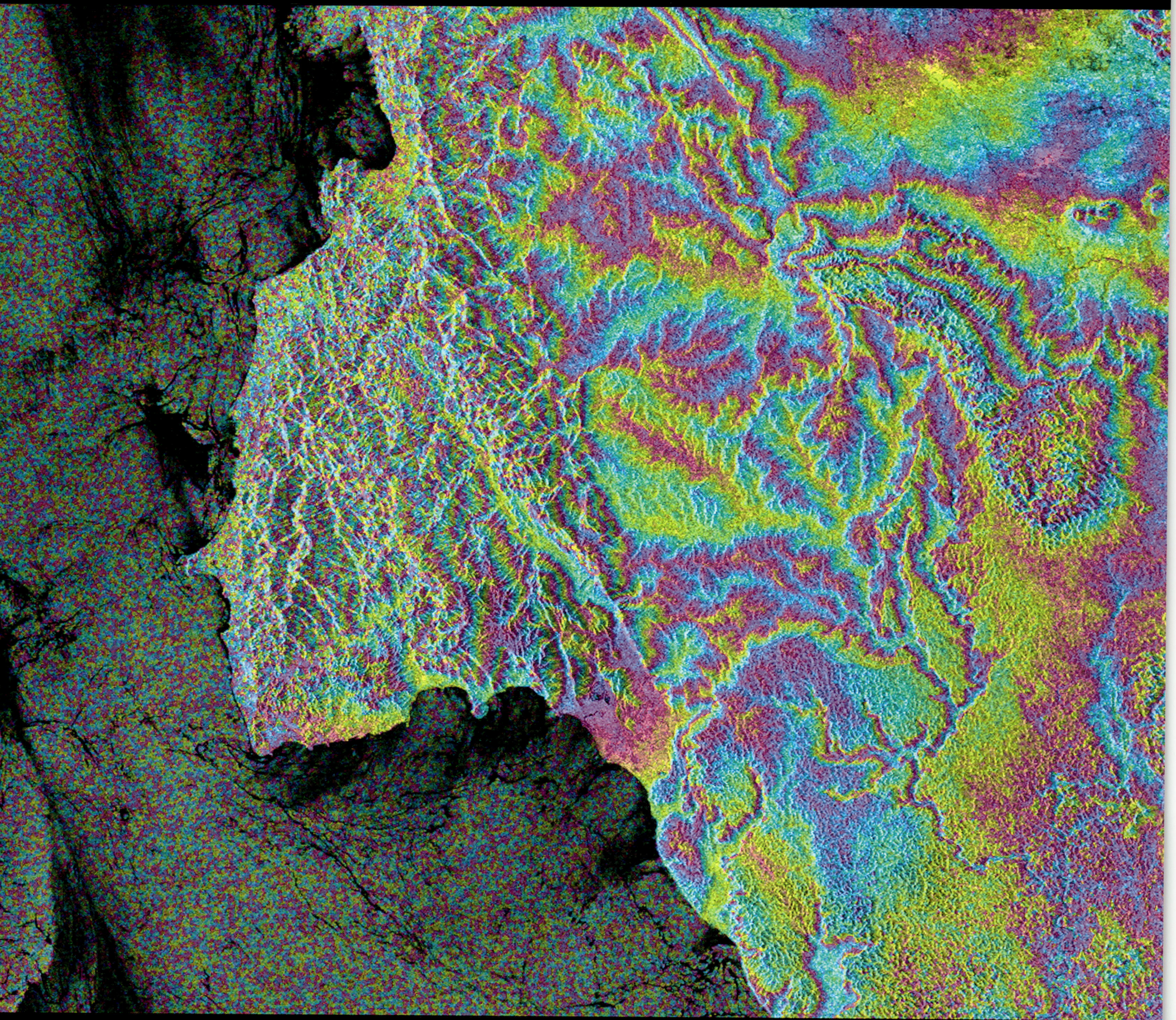

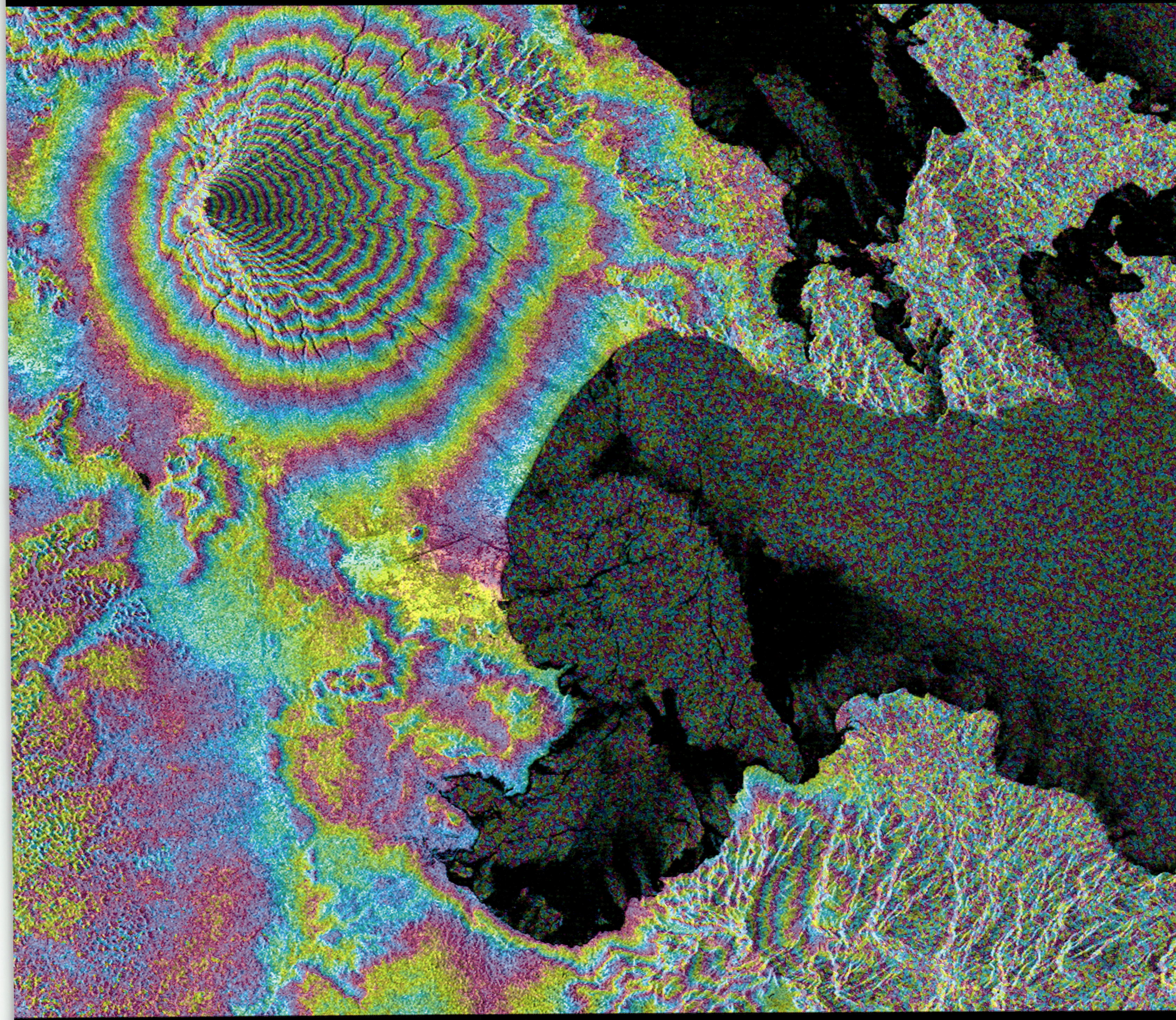

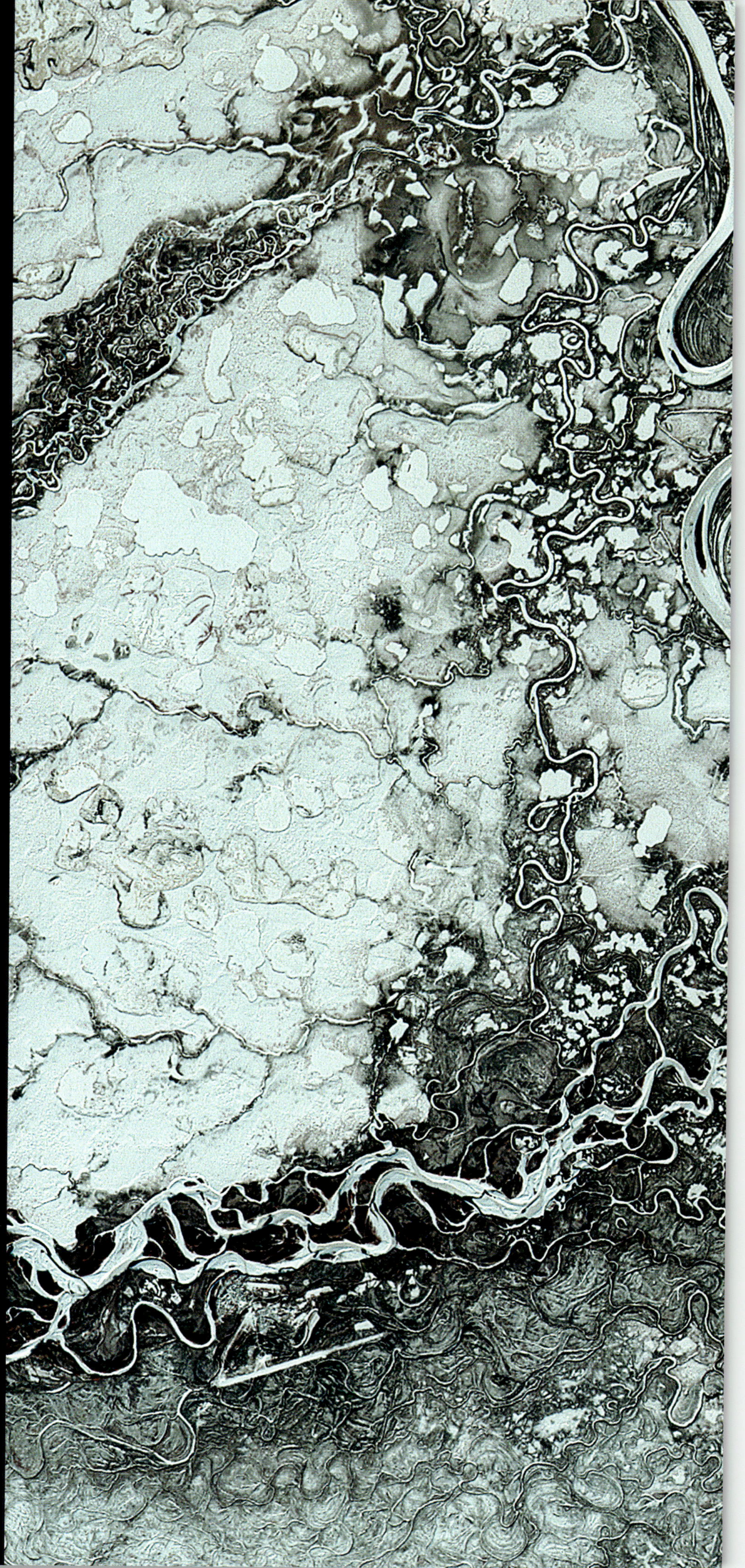

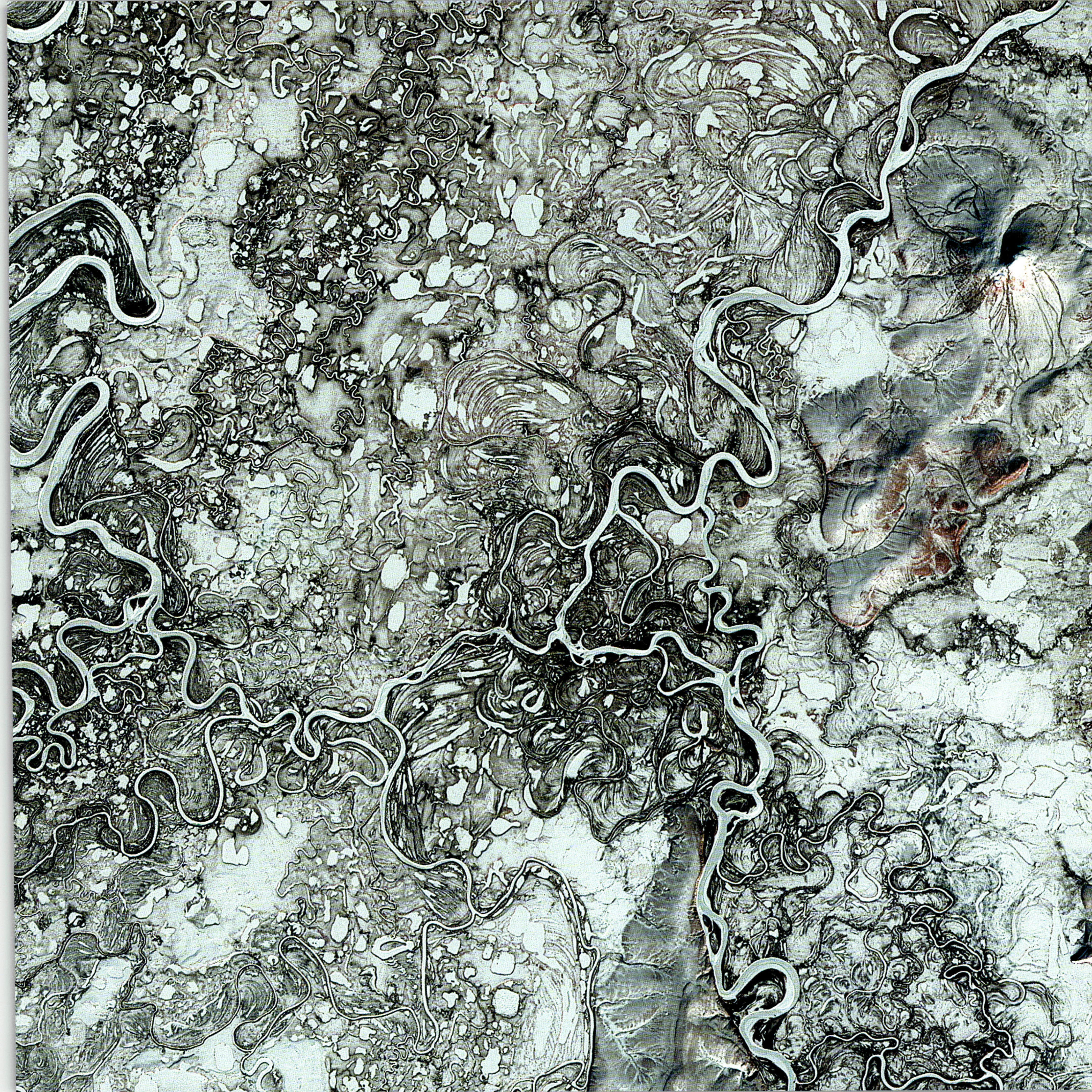

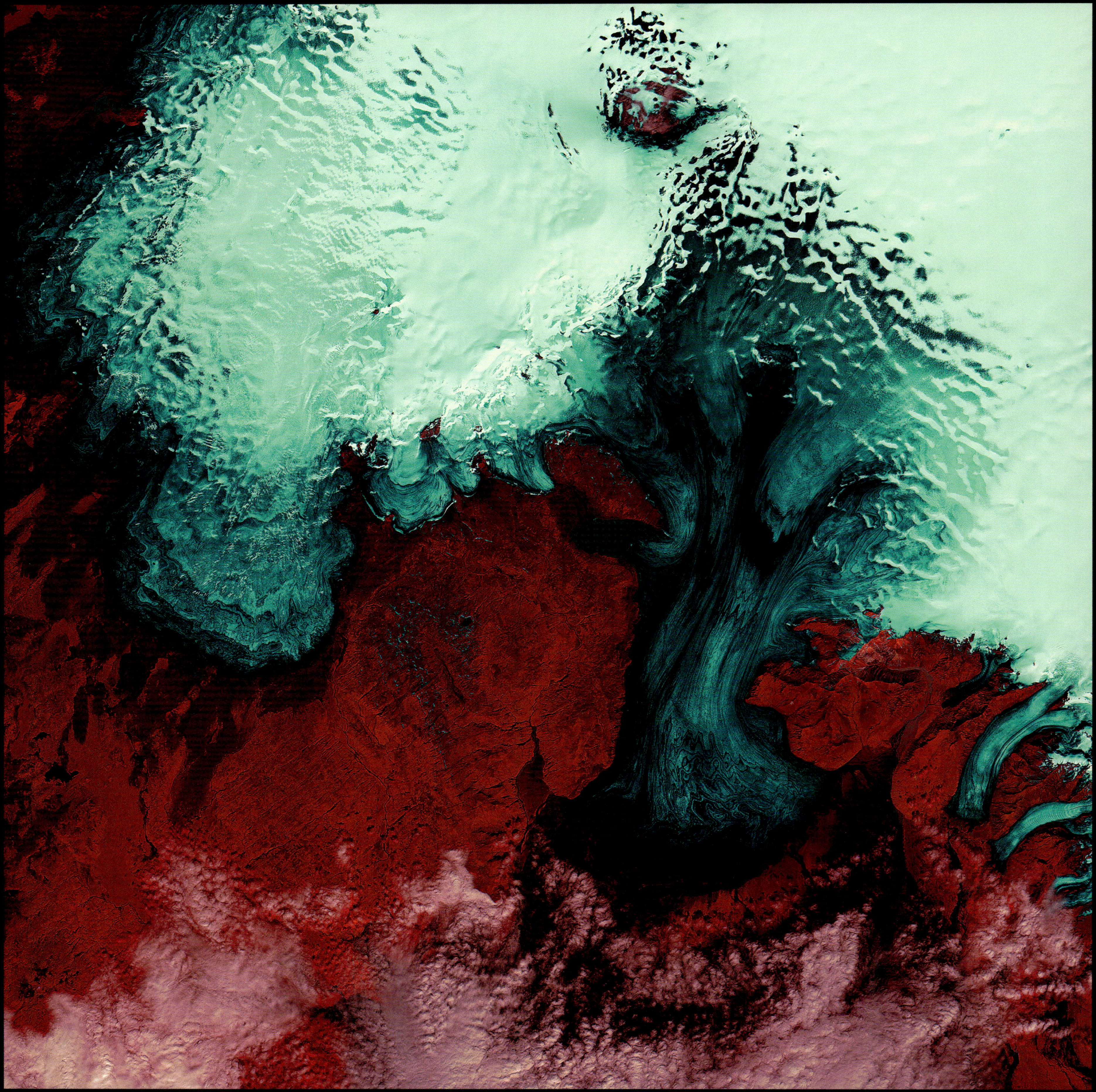

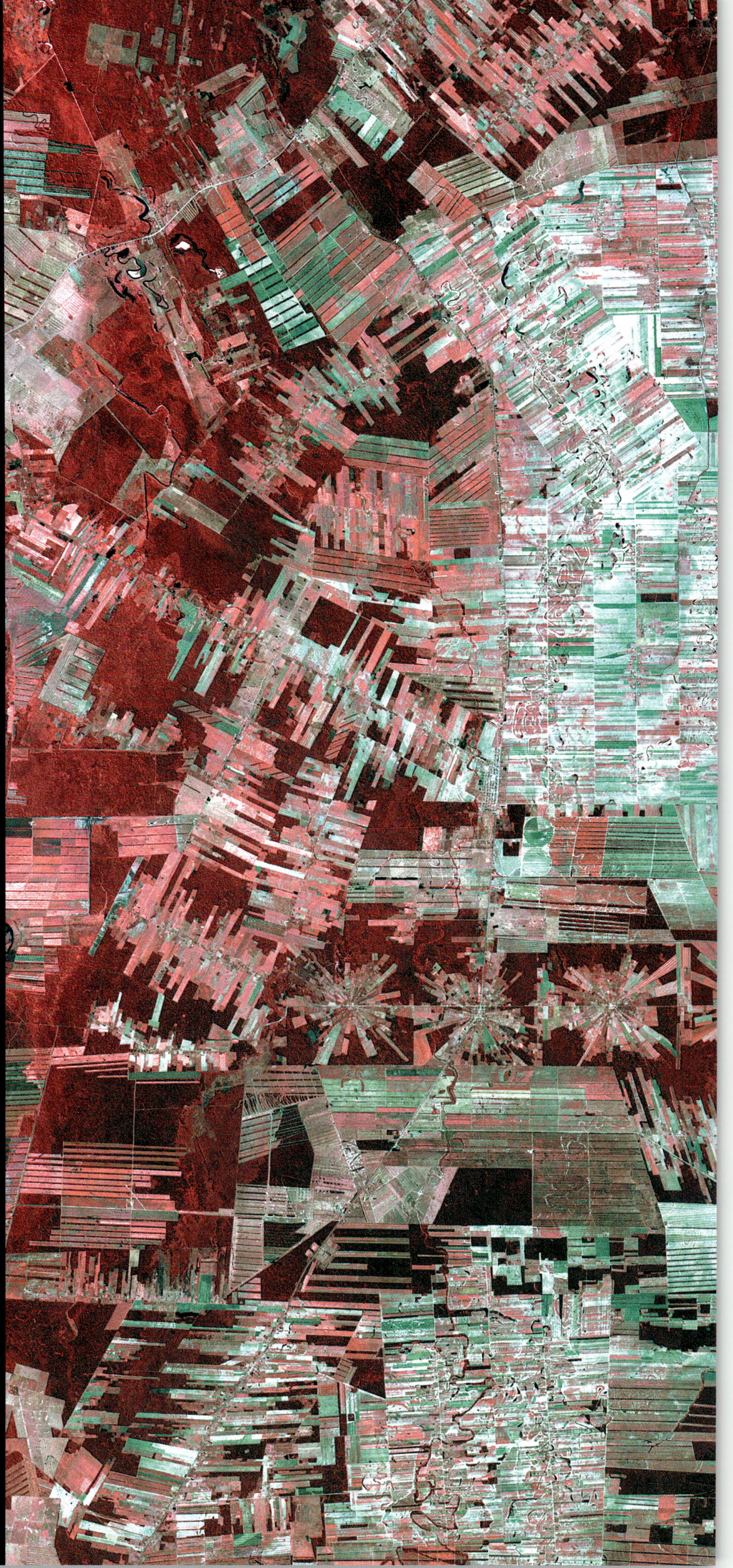

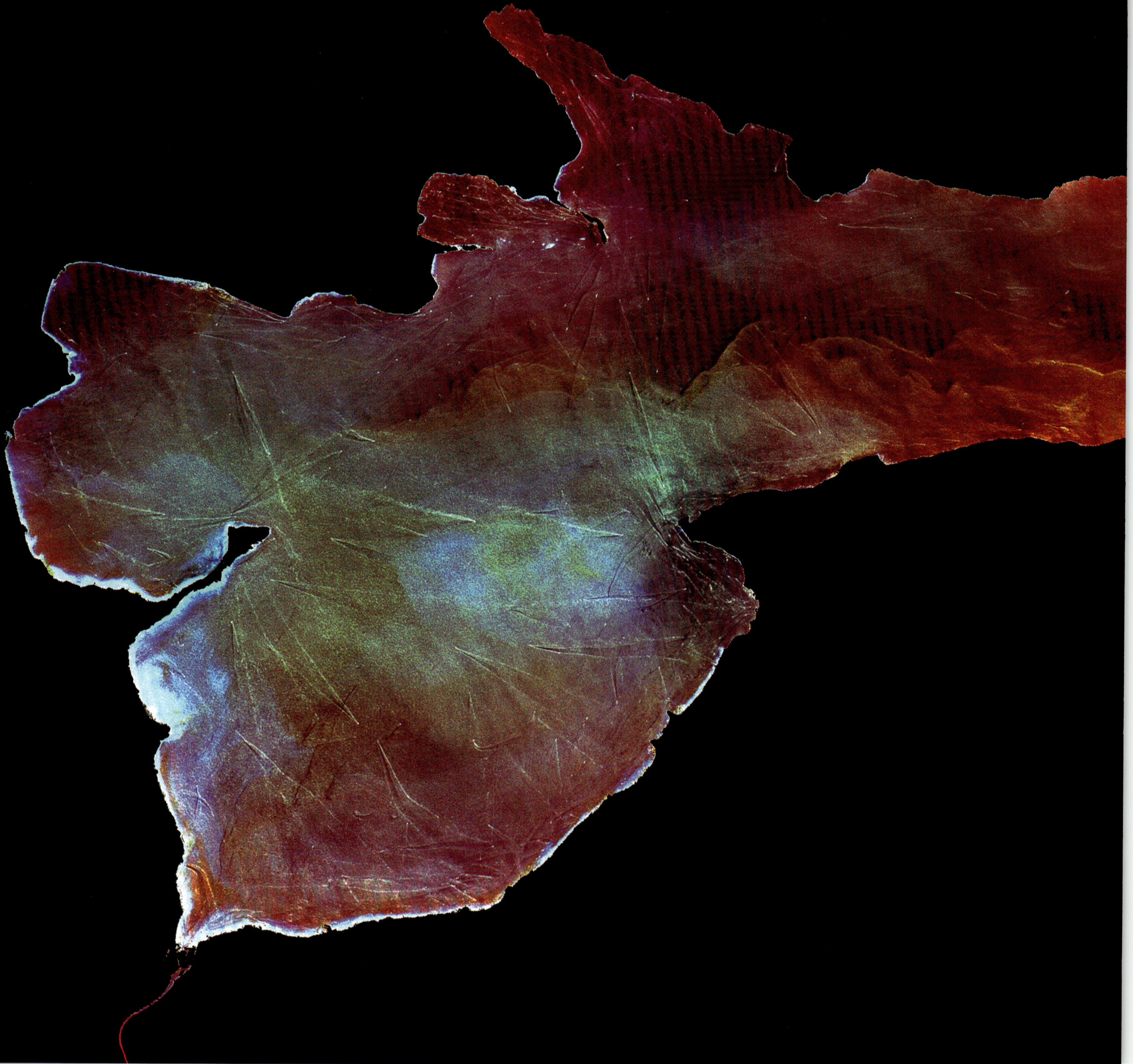

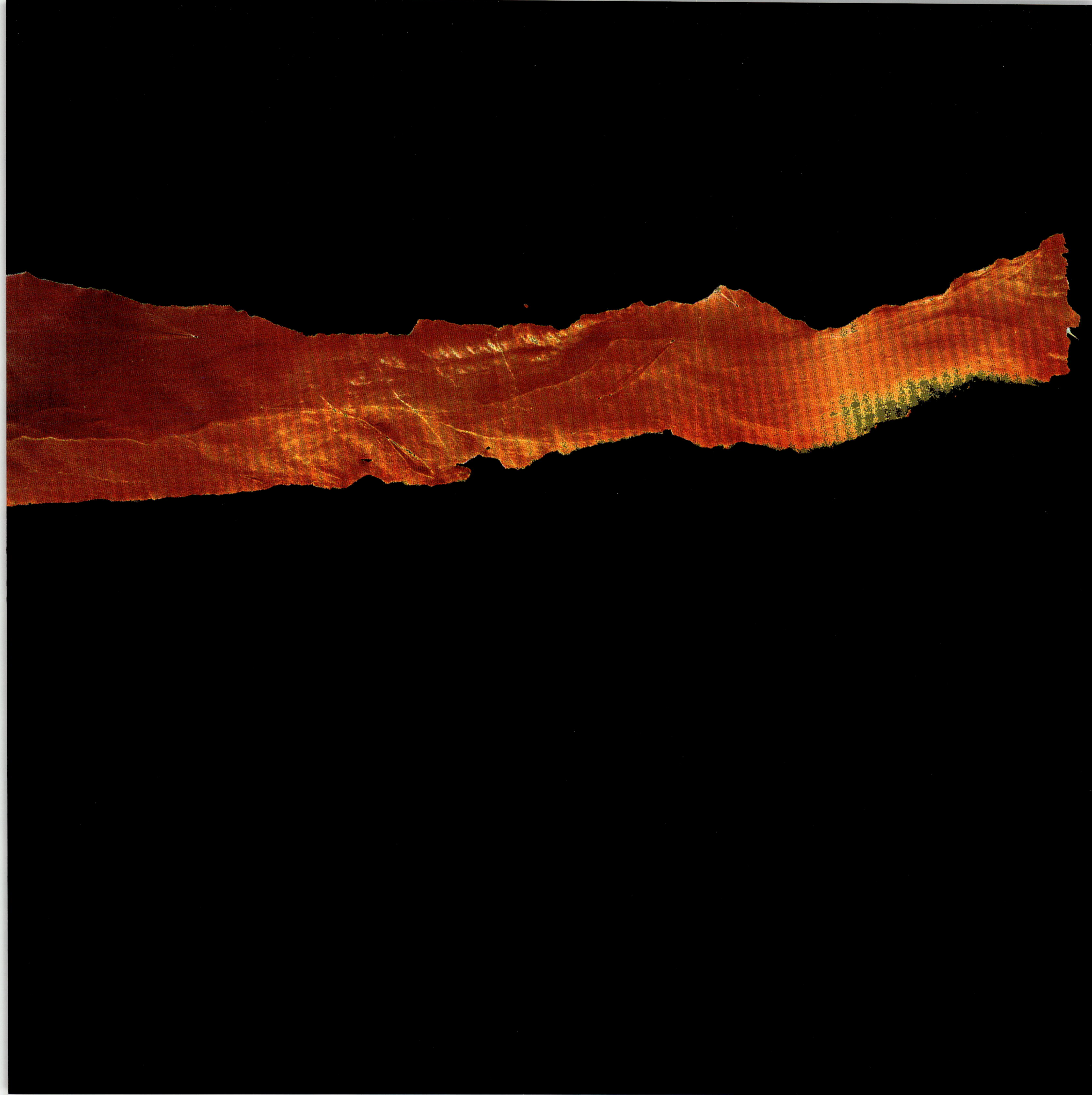

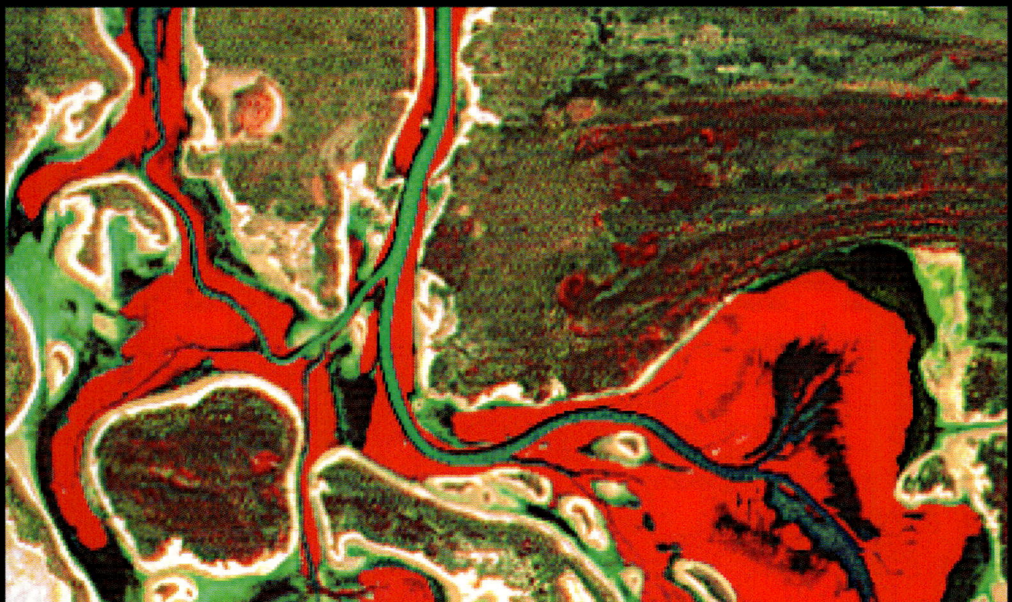

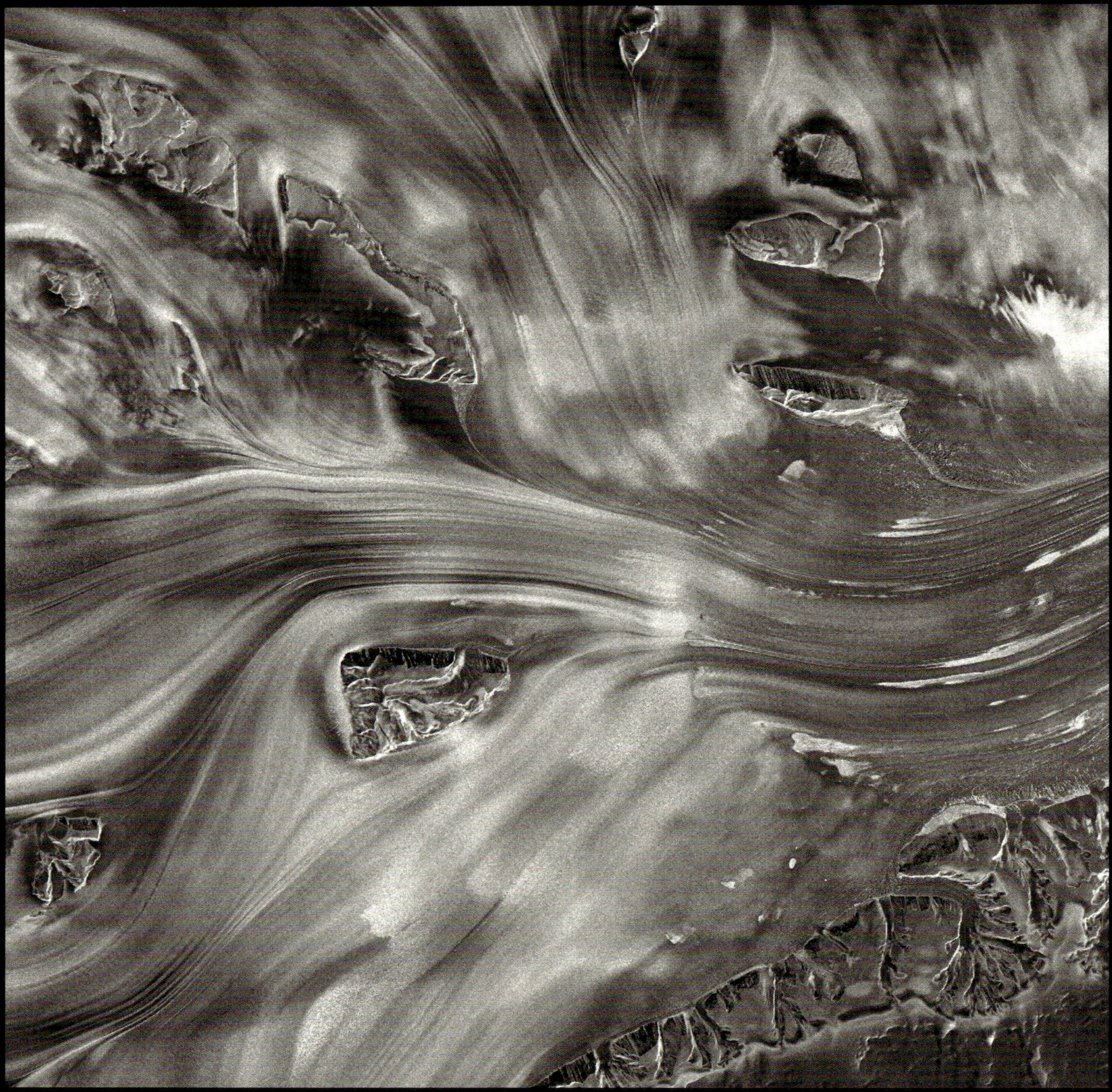

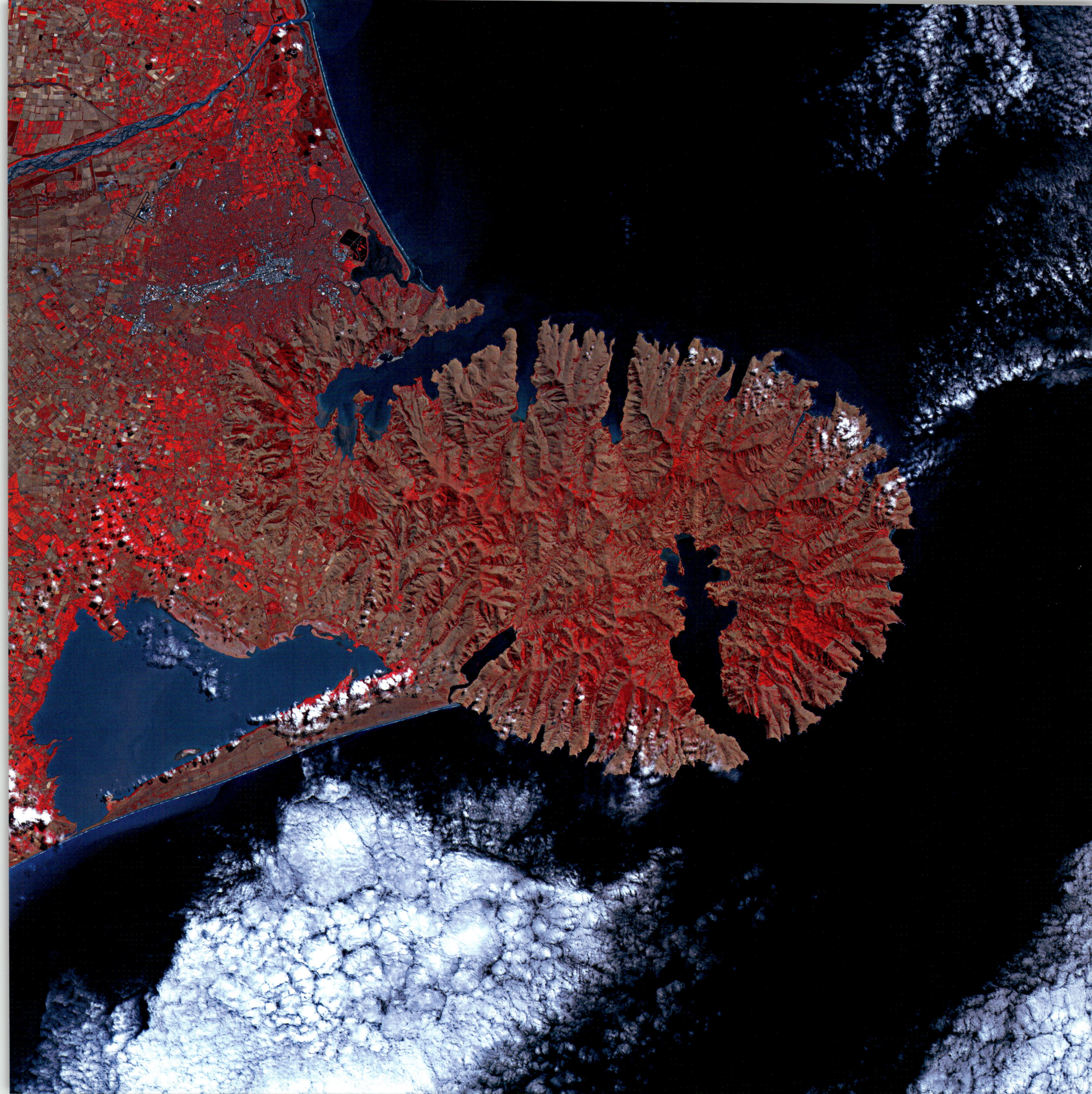

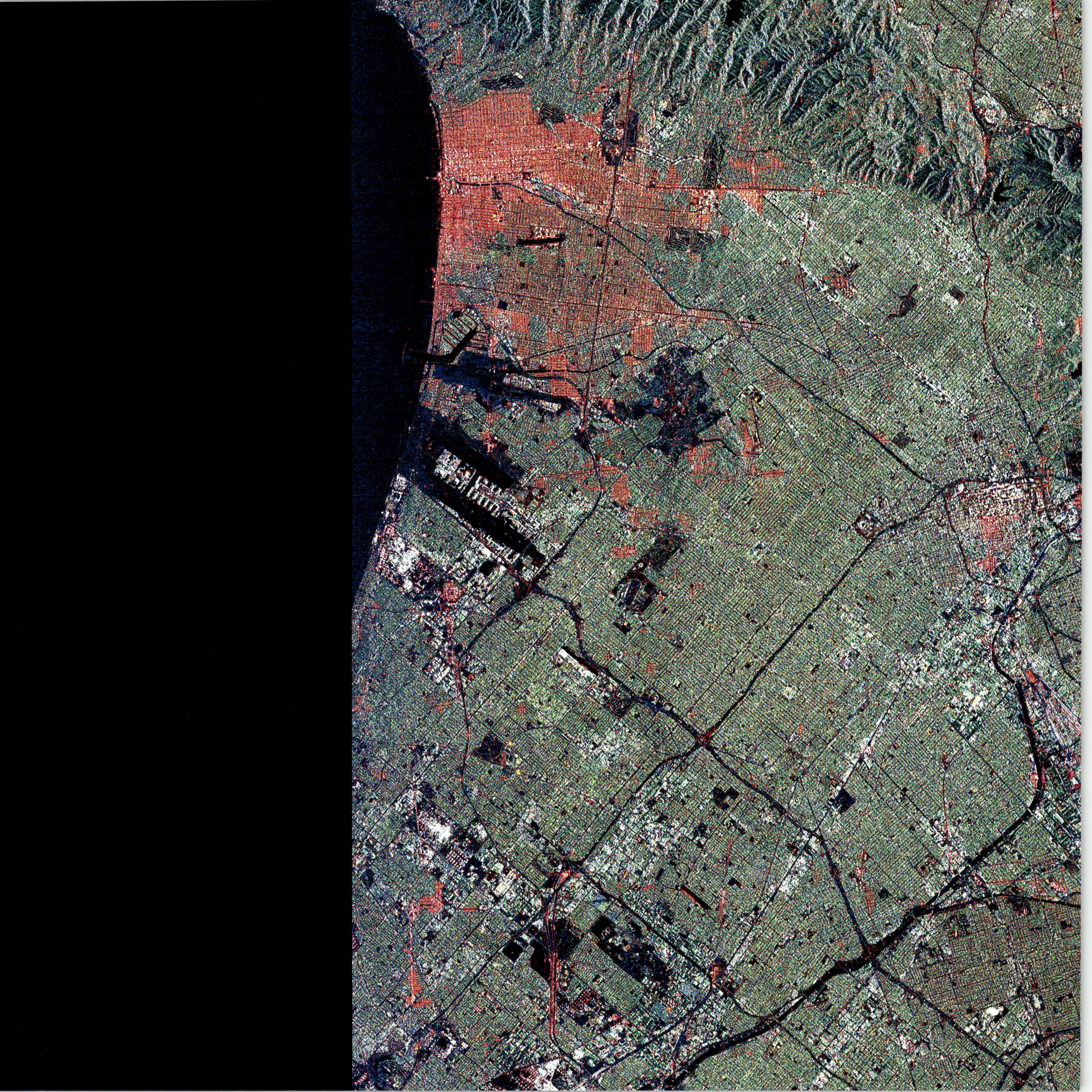

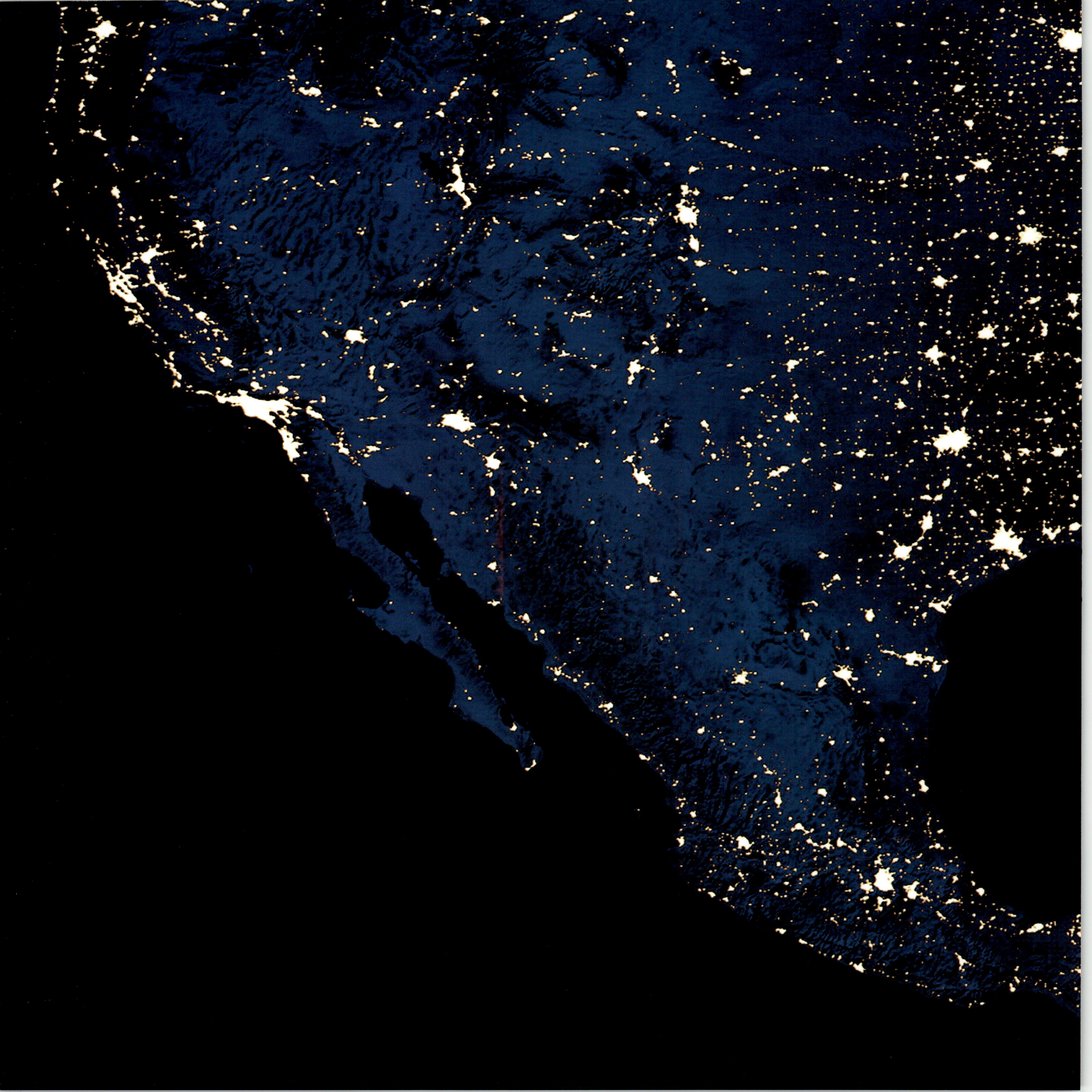

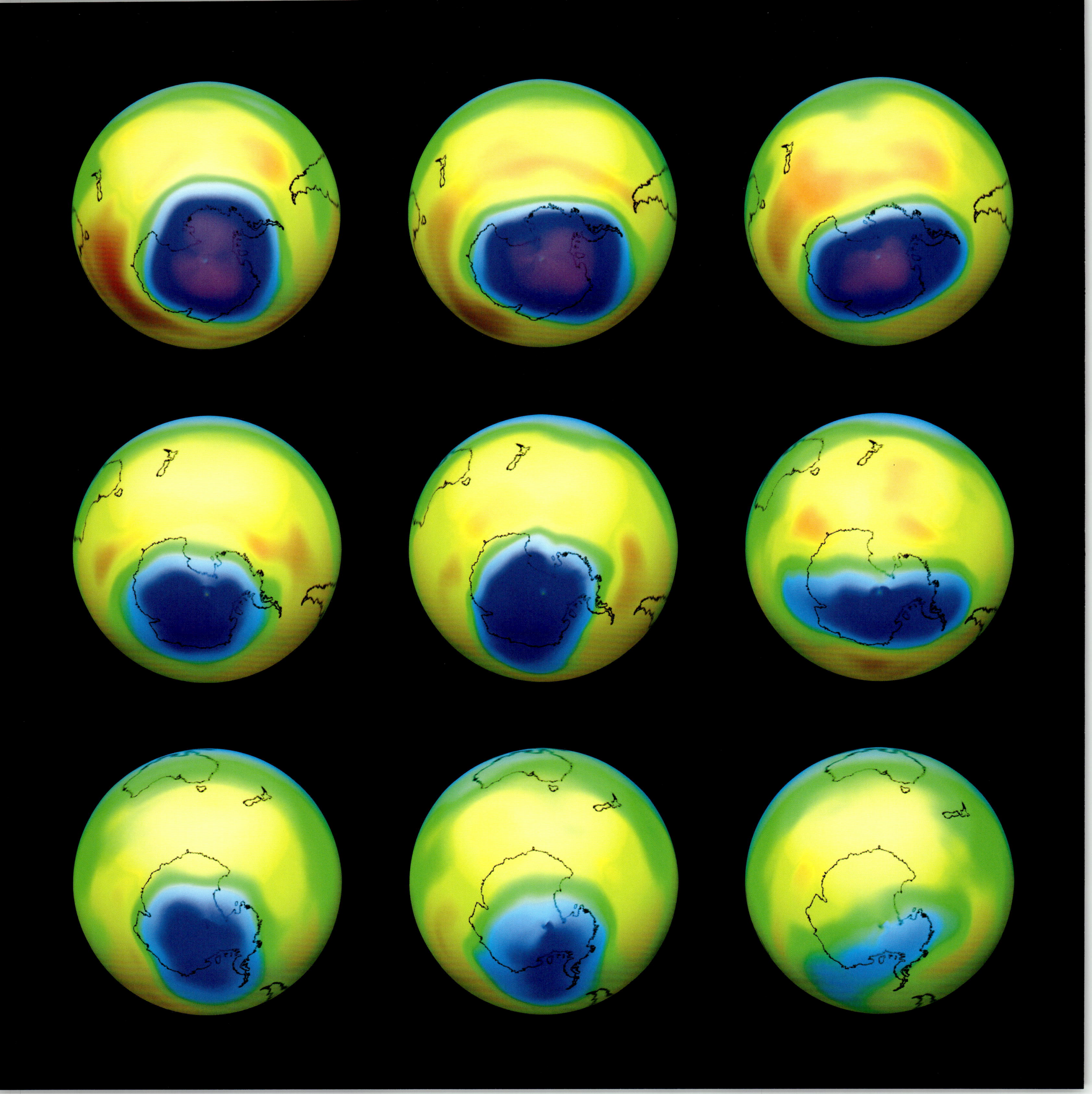

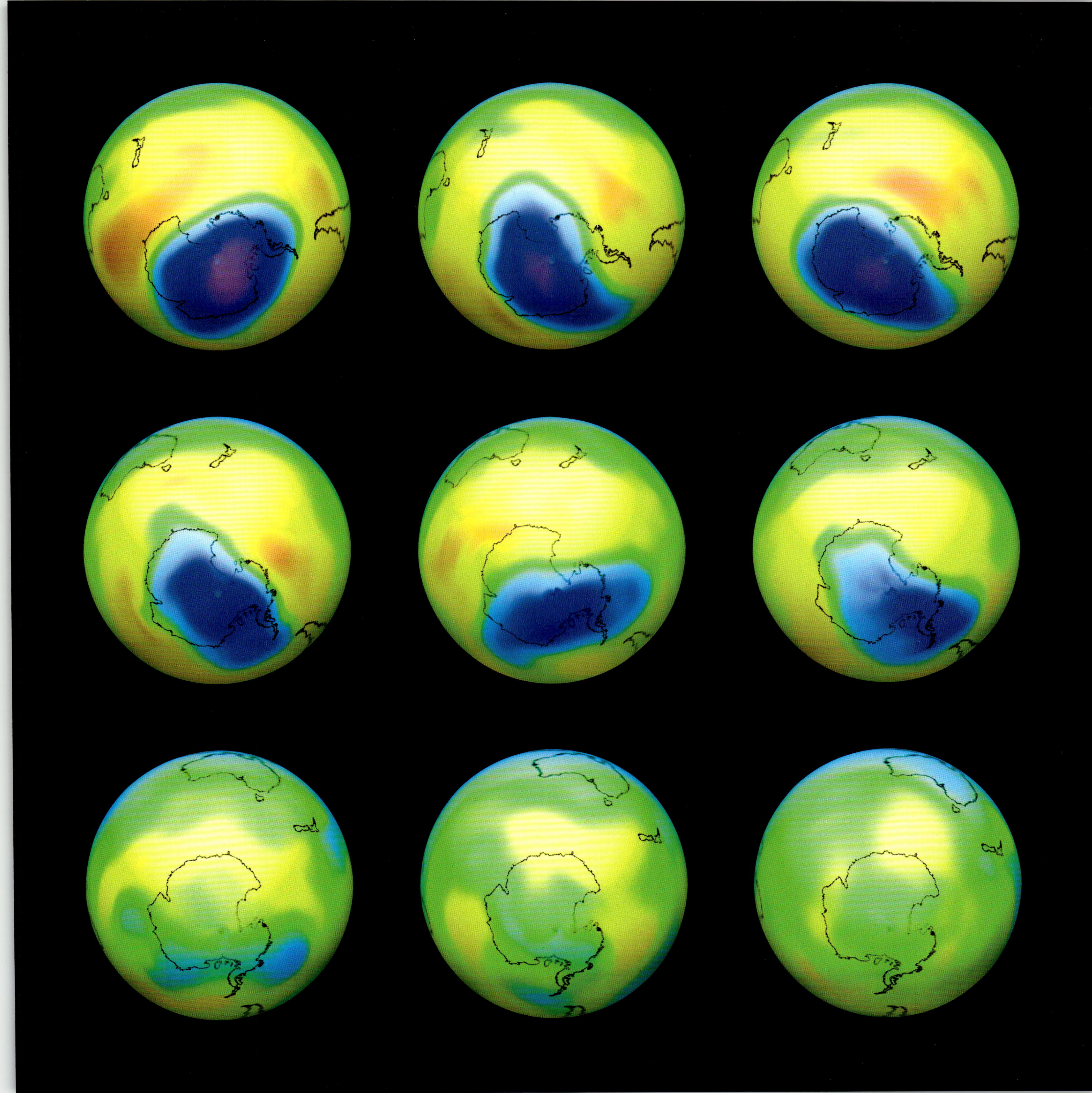

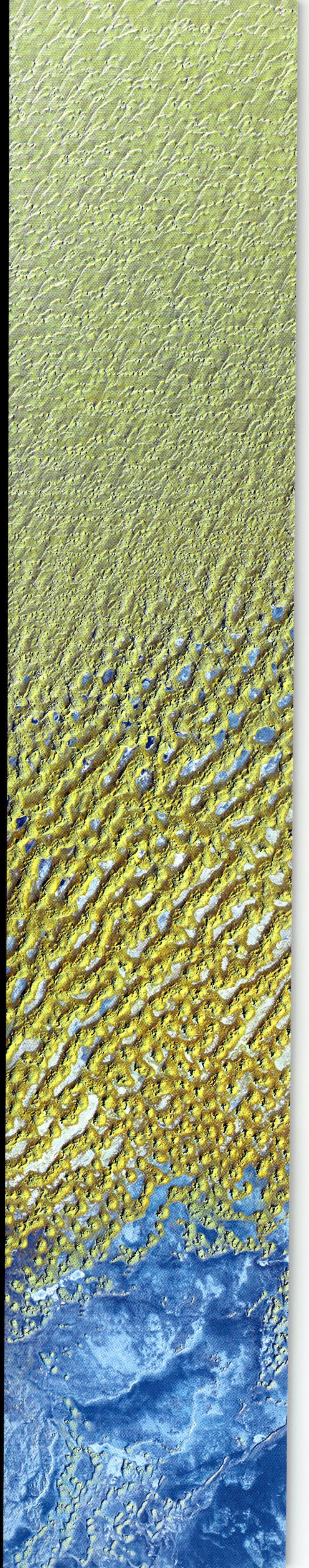

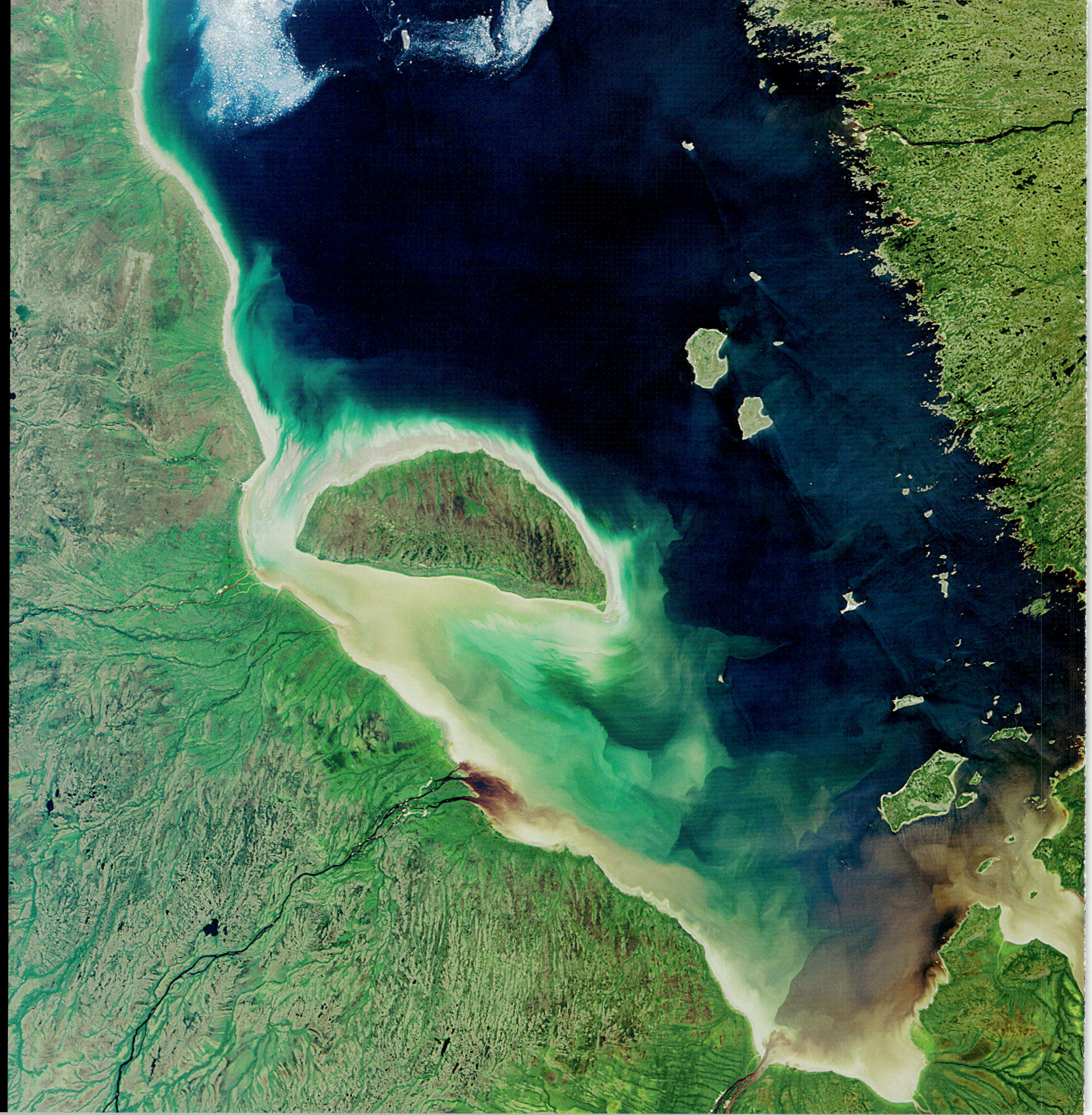

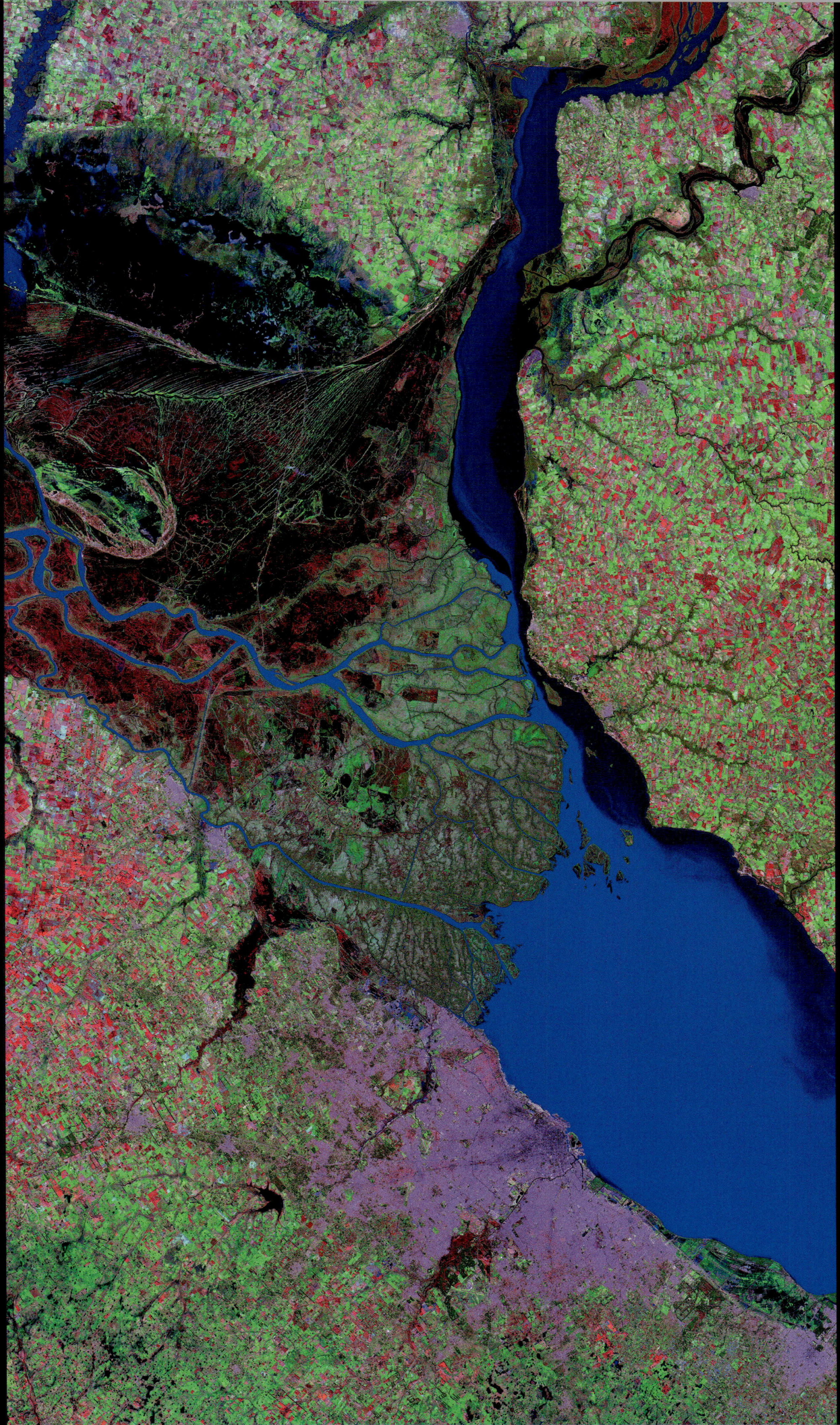

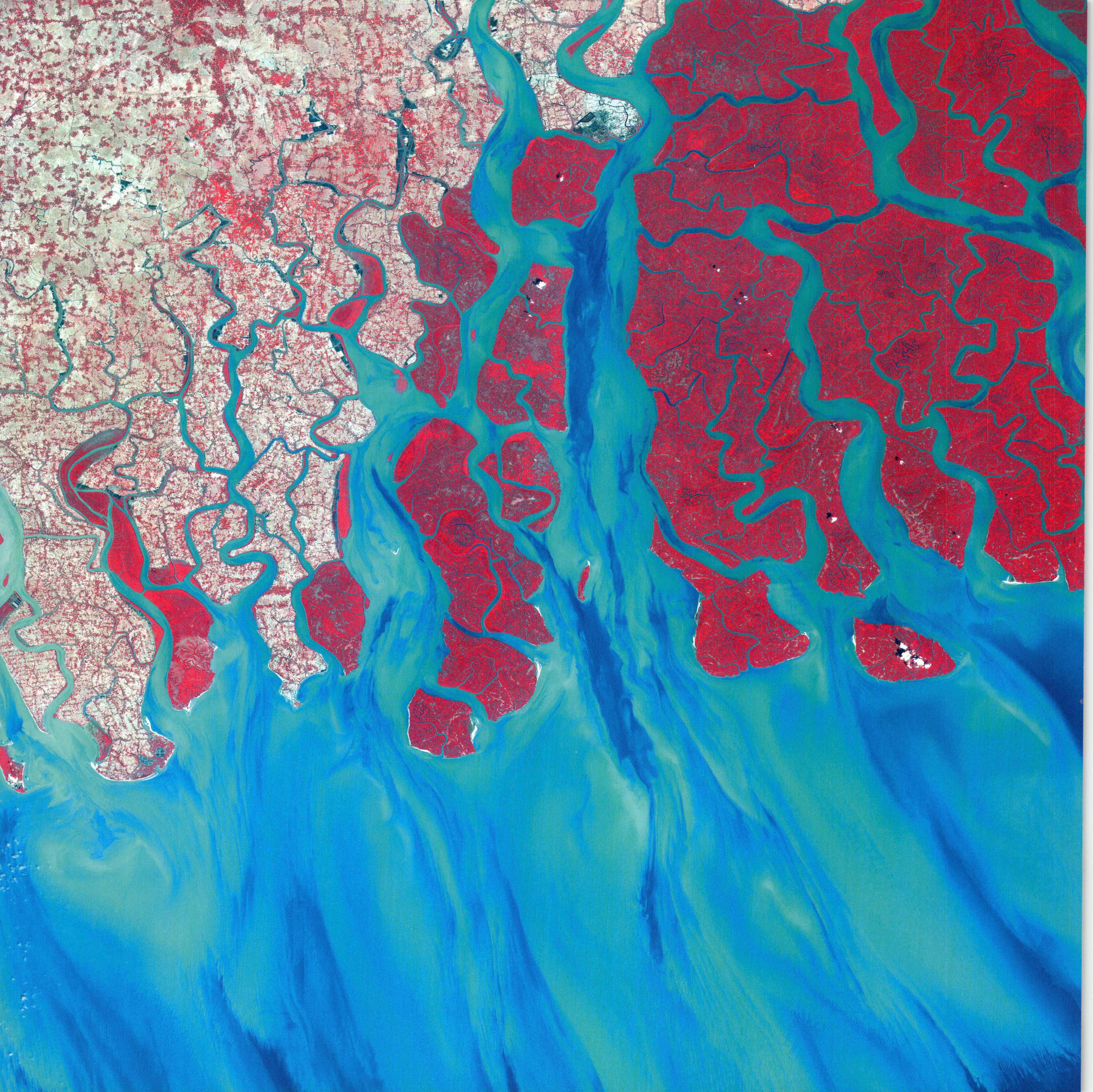

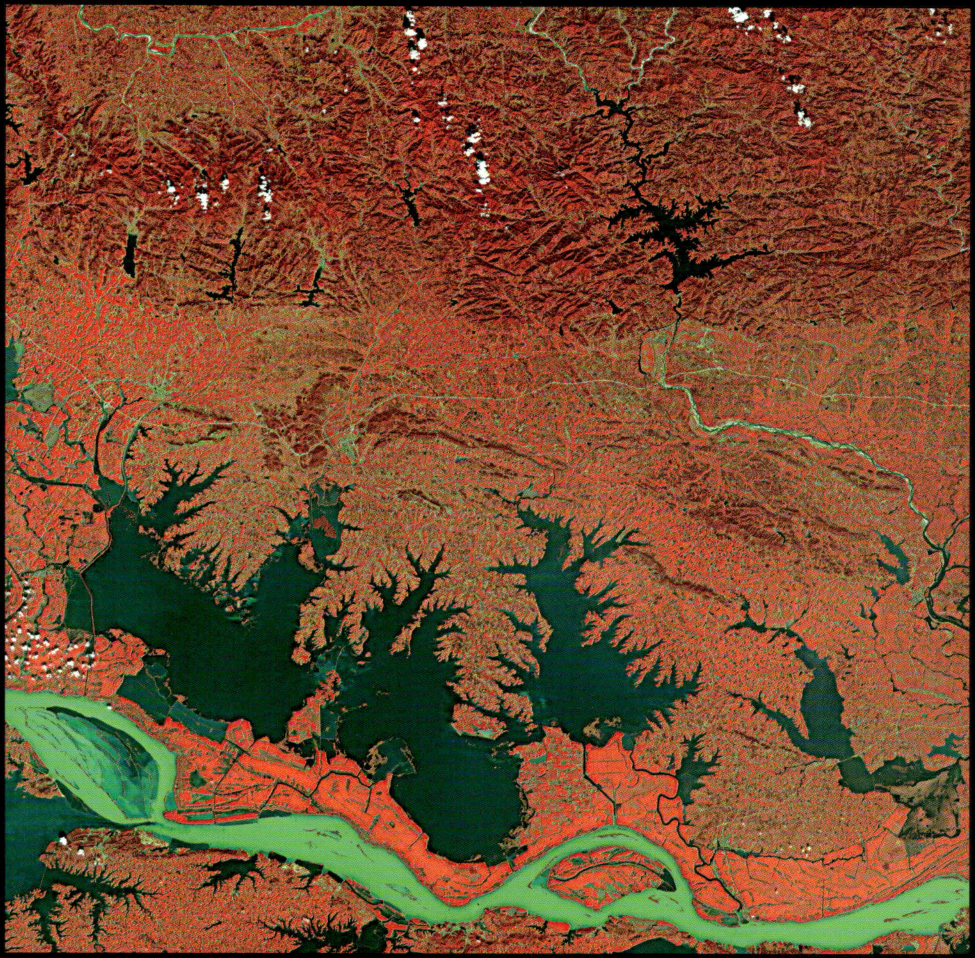

HOLLYWOOD

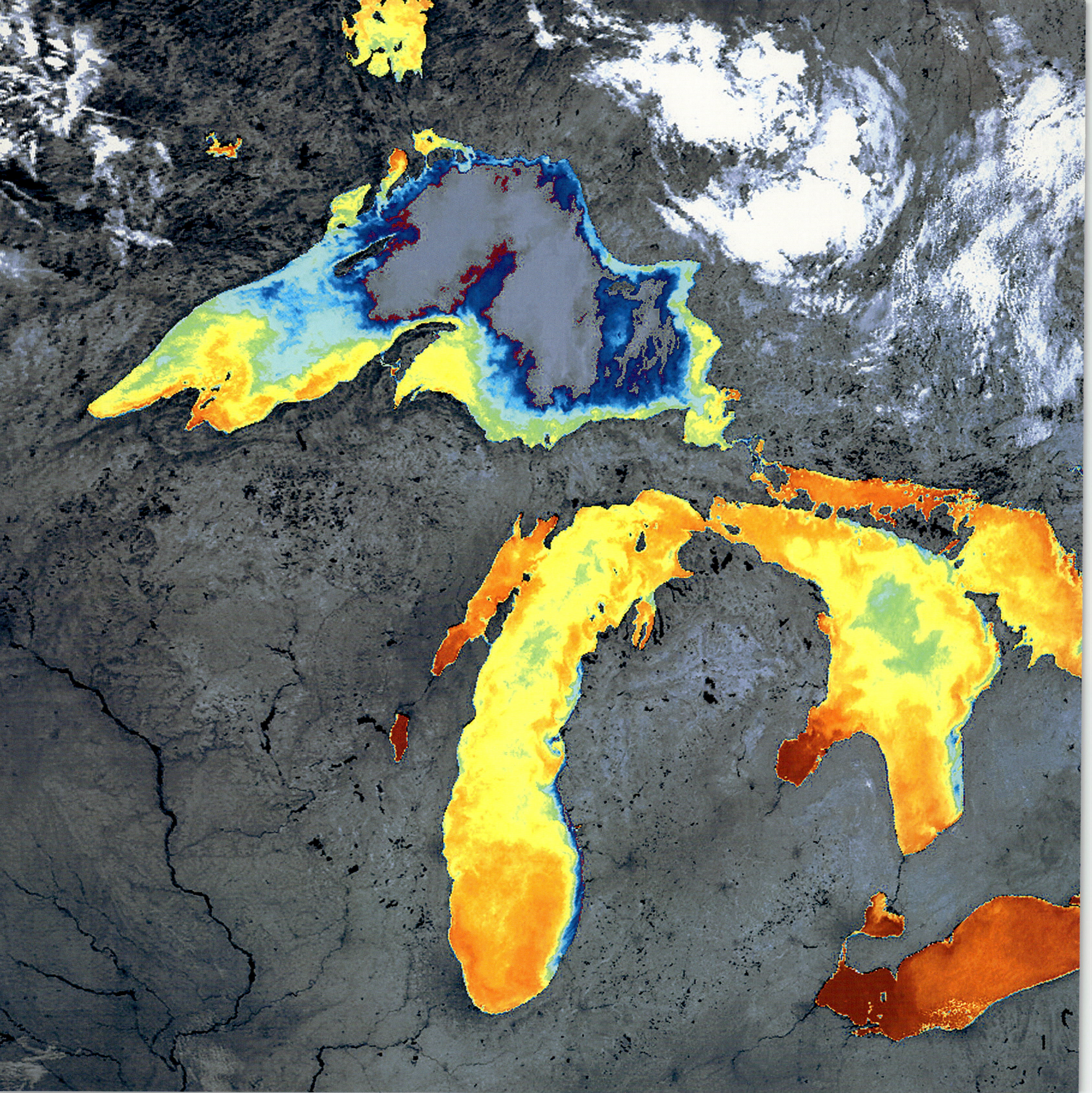

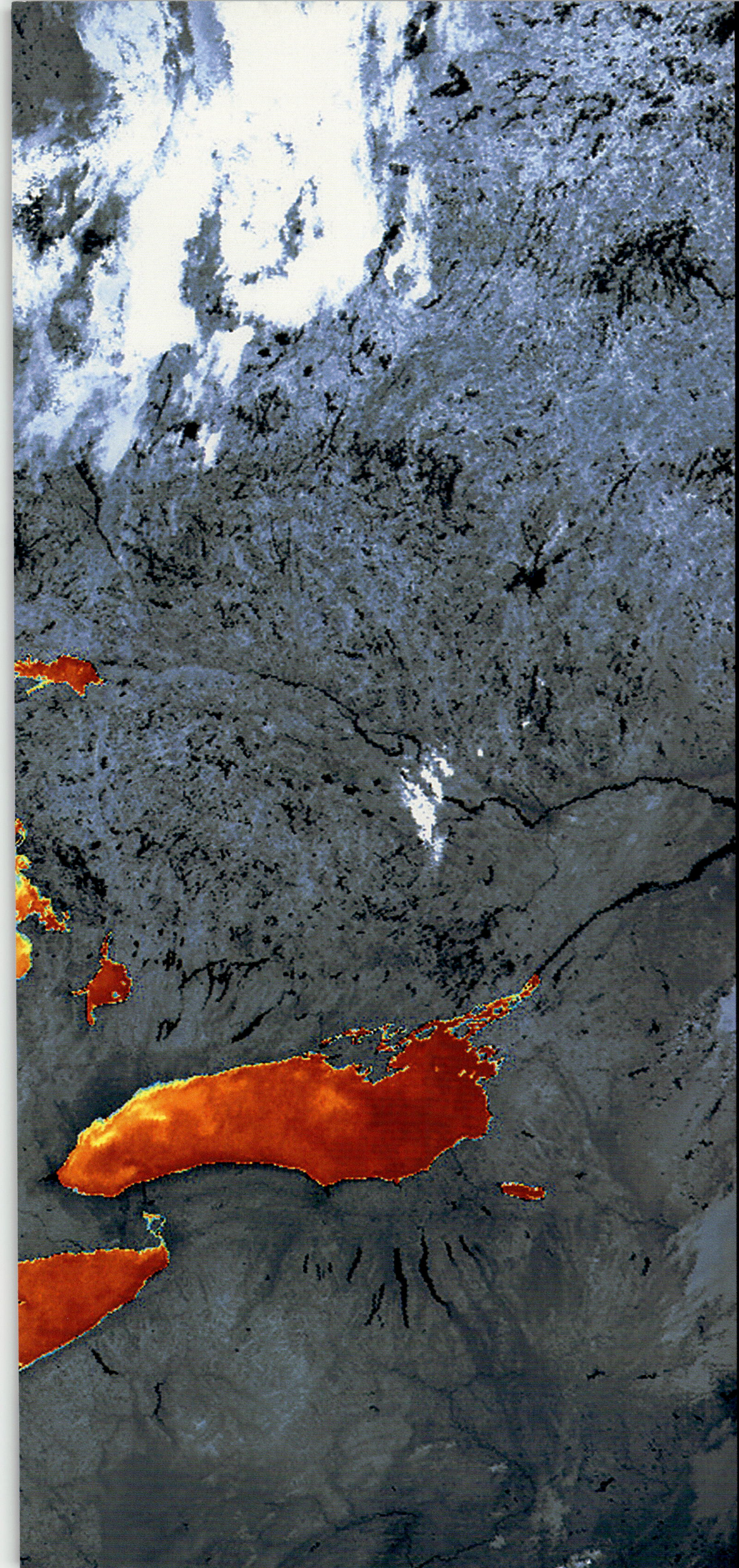
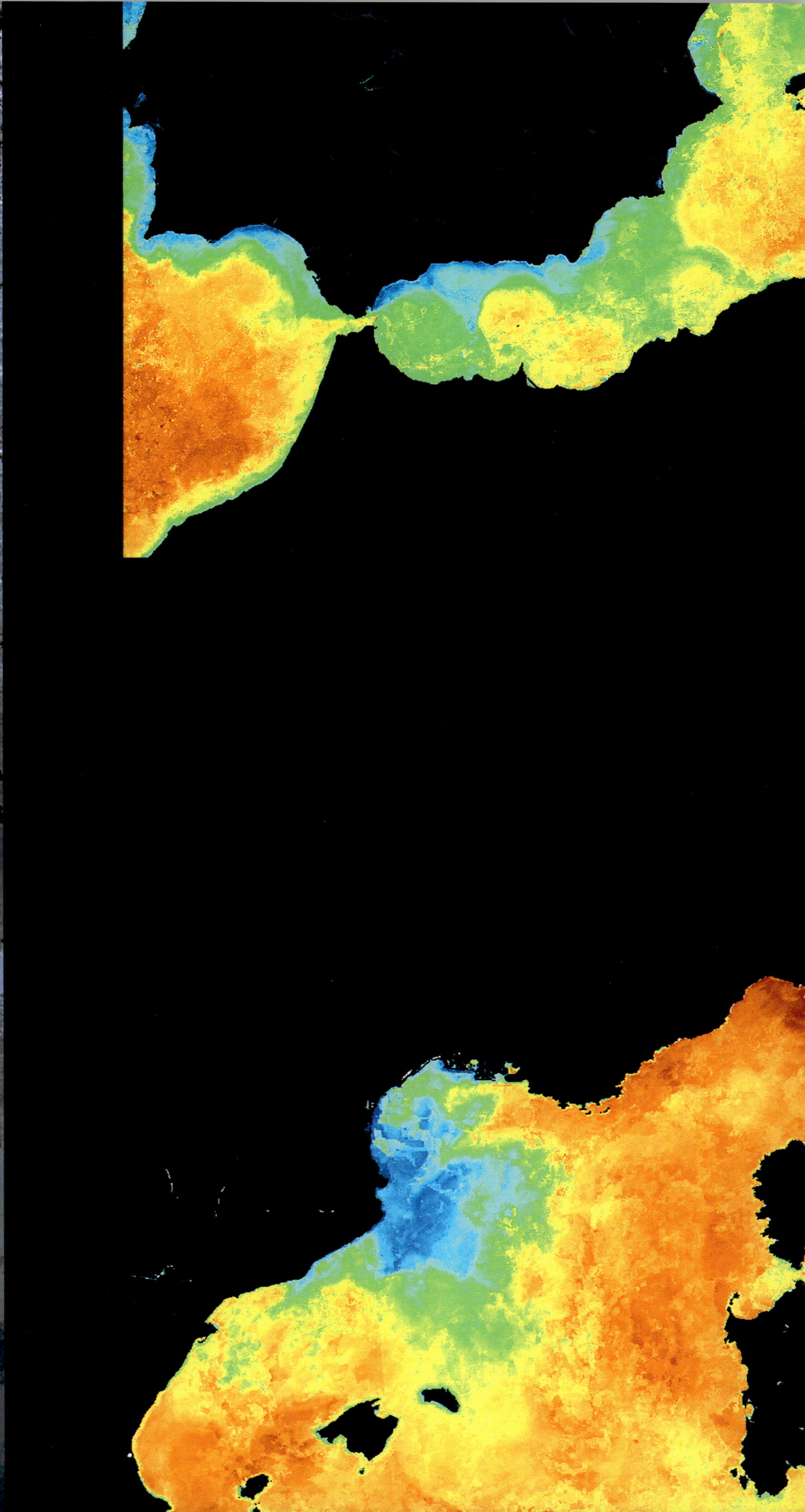

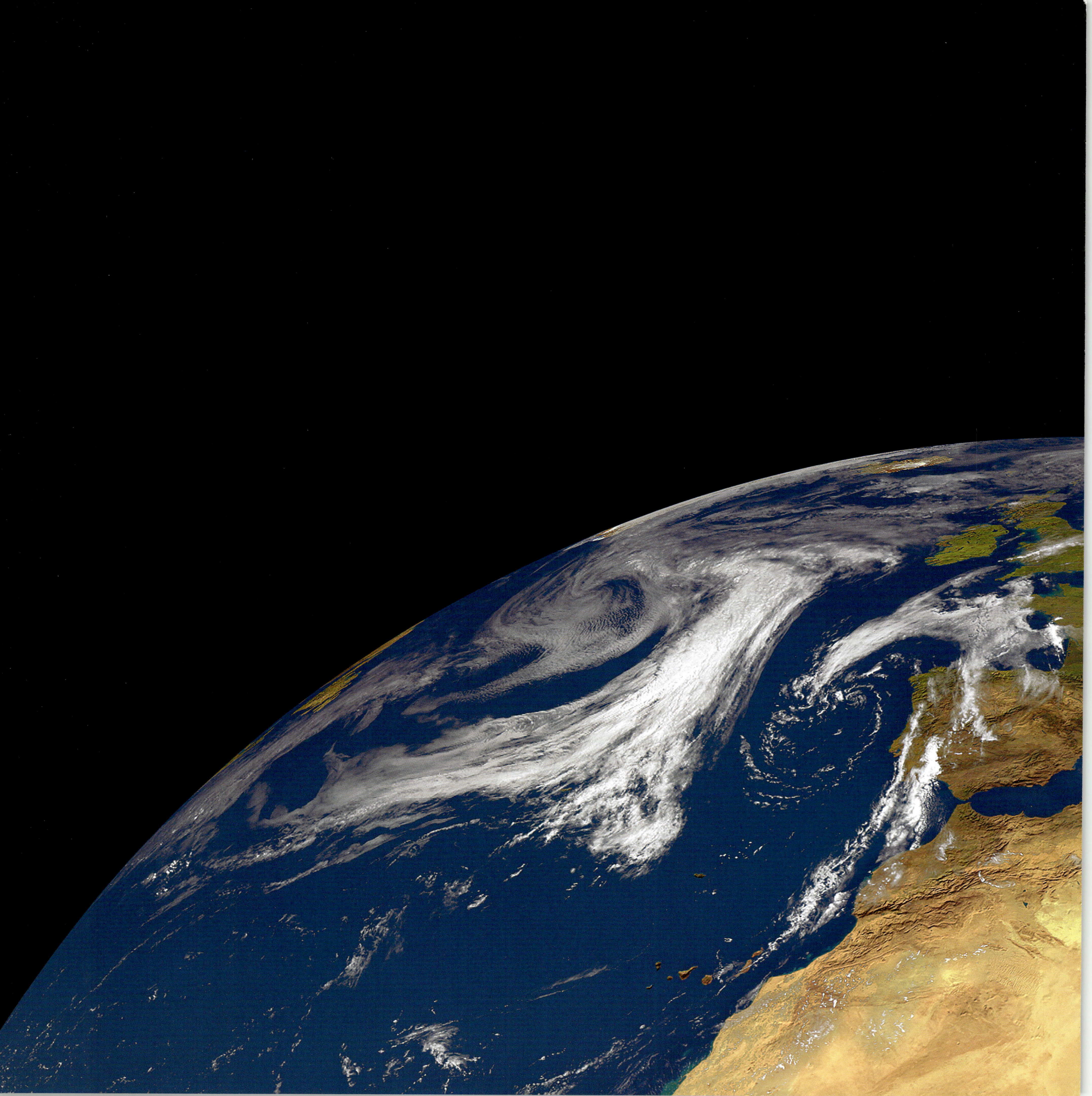

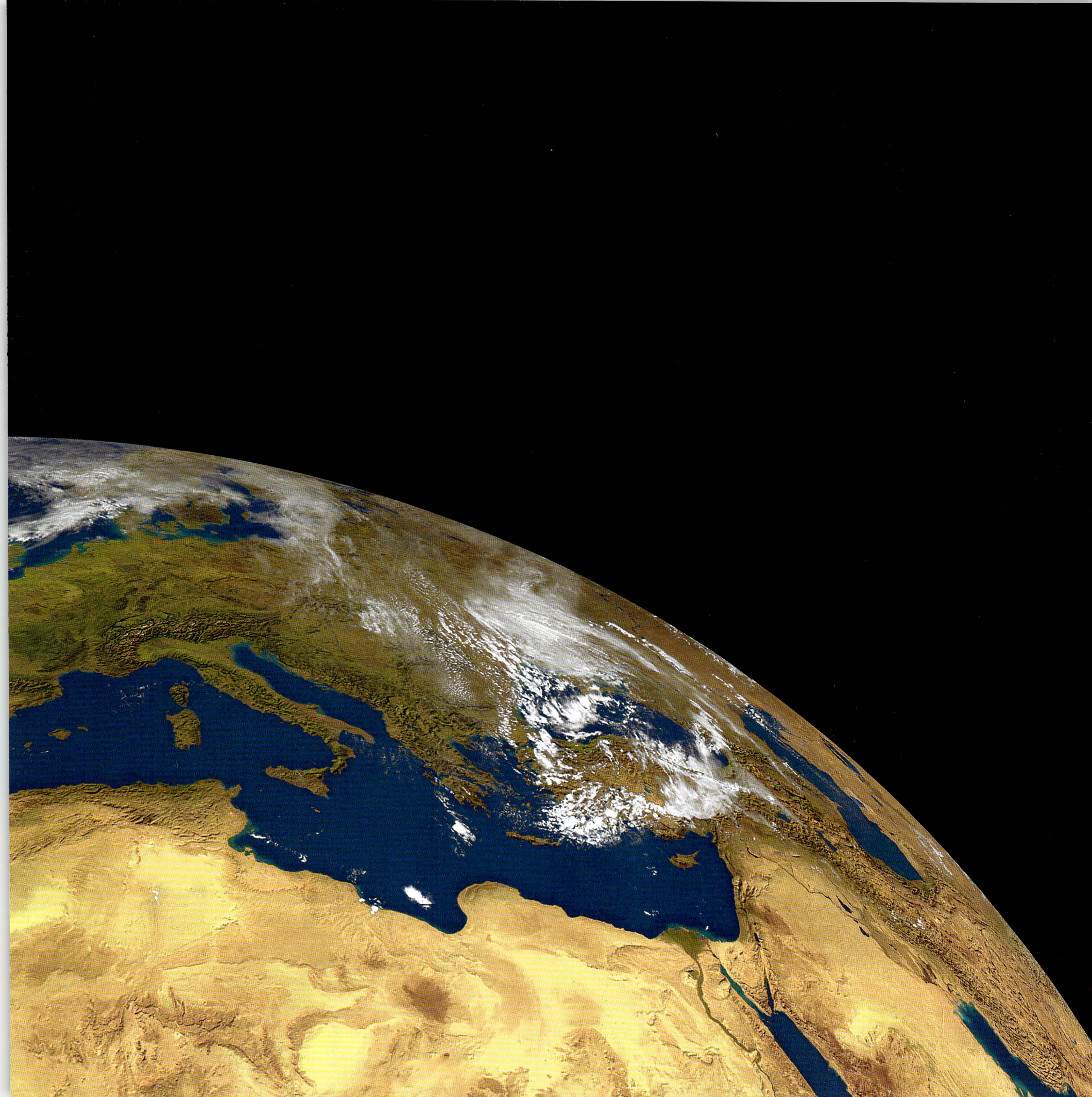

Bildbeschreibungen

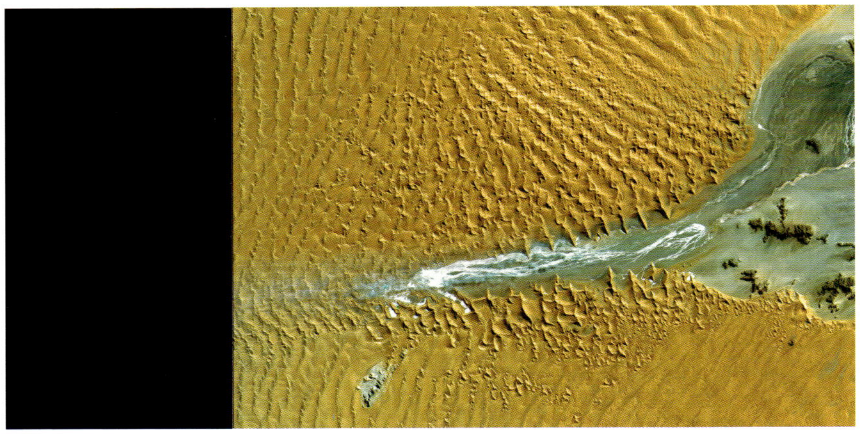

Wüste Namib, Namibia

Ein Trockental durchbricht die Sanddünen der Namib. Die seltenen Regenfälle lösen Salze aus dem Gestein, die sich dann an den Rändern der Wasserläufe absetzen und als stark reflektierende helle Gebiete sichtbar werden.

Die interessante Struktur dieses Bildes ist das Ergebnis der verschiedenen Dünenformen, die in hoher Detailschärfe erkennbar sind.

Quelle: USGS/EROS Data Center; Landsat-7 ETM+

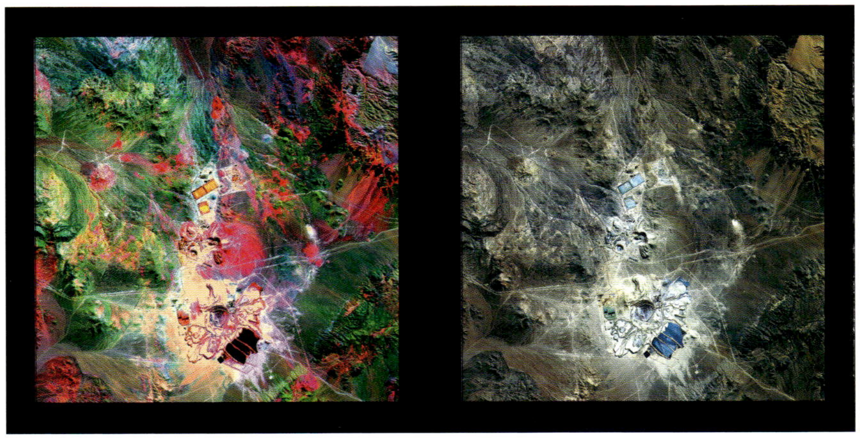

Escondida-Mine, Chile

Die Escondida-Mine in Chile ist die größte Kupfer-, Gold- und Silbermine der Welt. Sie fördert täglich 127 000 Tonnen Erz, das vor Ort aufbereitet und durch eine Pipeline an die Küste transportiert wird.

Links ist das Gebiet im kurzwelligen Infrarot, das besonders die geologischen Eigenschaften hervorhebt, und rechts im sichtbaren Spektralbereich abgebildet. Aufnahmen dieser Art werden gerne in der Prospektion von Mineralien verwendet.

Quelle: NASA; Terra ASTER, 23.4.2000

Bangladesch

Die Küstenlandschaft der Sundarbans in Bangladesch liegt nur wenig über dem Meeresspiegel und wird durch häufige Überflutungen in der Monsunperiode neu gestaltet. Diese Daten dienen u. a. der Erstellung topografischer Karten.

QUELLE: DLR; SIR-C/X-SAR

Ein Tag aus der Sicht eines Satelliten

Die Bildsequenz zeigt einen Tagesverlauf, gesehen vom europäischen Wettersatelliten Meteosat. Die Sonne beleuchtet am Morgen nur den östlichen Bereich des Erdballs. Das von ihr bestrahlte Gebiet wandert im Laufe des Tages immer weiter nach Westen und verschwindet am Abend wieder aus dem Blickfeld des Satelliten.
Diese Bilder sind eine wichtige Informationsquelle für Wettervorhersagen und Sturmwarnungen.

QUELLE: DLR; METEOSAT-7 (© EUMETSAT), JUNI 2001

Antarktis, Kinderstube für Eisberge

Radarsatelliten erlauben eine wetterunabhängige Beobachtung der Eisschelfs und ermöglichen frühzeitige Eisbergwarnungen:
Vom Ronne-Eisschelf (links) löste sich im Oktober 1998 der gigantische Eisberg A-38 (150 km lang, 35 km breit) ab. Kurz darauf zerbrach er in mehrere Teile (A-38A, B usw.). Auch vom Crosson-Eisschelf (rechts) brechen riesige Eisberge ab und treiben in den Südpazifik hinaus.
Das Eisschelf wird durch den Thwaites-Gletscher gespeist.

QUELLE: RADARSAT INT'L., DLR/ESA; RADARSAT-1, ERS-2, 23.2.2000

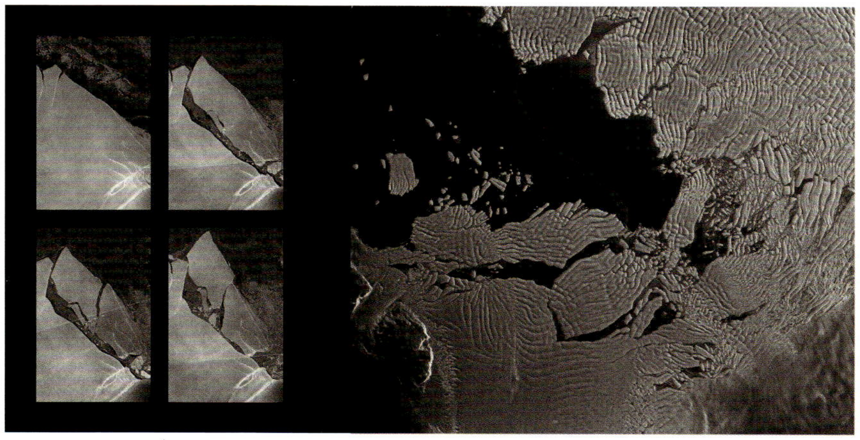

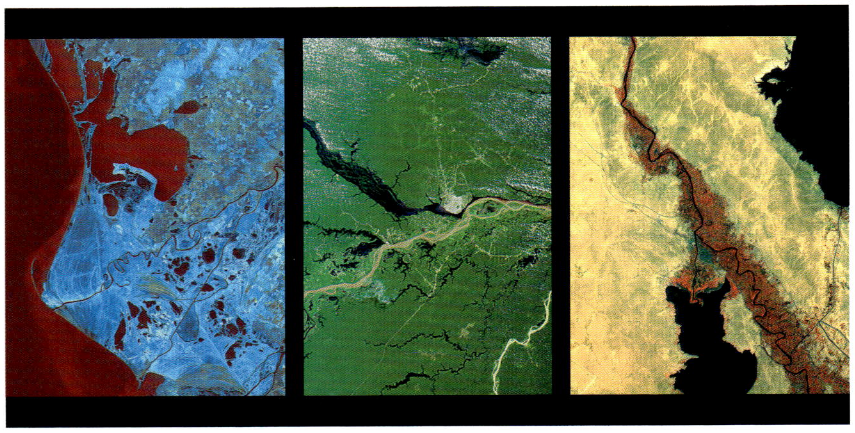

Flüsse

Schwer zugängliche Gebiete wie die streng geschützten Sümpfe des Naturreservats im Donaudelta (links), des Regenwalds rund um den Rio Negro an der Mündung in den Amazonas (Mitte) und das aus politischen Gründen unzugängliche Tigristal nahe der irakischen Stadt Ali al Gharbi (rechts) lassen sich unter Zuhilfenahme von Satellitendaten besser beobachten. Ökologisch relevante Veränderungen können so erkannt und entsprechende Gegenmaßnahmen ergriffen werden.

Quelle: DLR (2), NASA; MOMS (2), Terra MISR

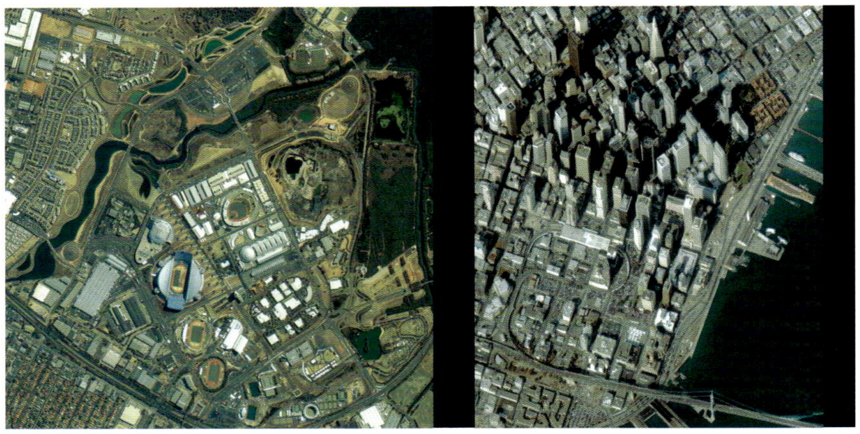

Großstädte aus dem All

Das Olympiagelände 2000 (links) liegt etwa 14 Kilometer westlich von Sydney an der Homebush Bay. Im Bild zu sehen sind das Olympiastadion, der Superdom und die Anlagen für die Wettkämpfe in Leichtathletik, Schwimmen und Baseball.

Das markante Hochhaus Transamerica Pyramid dominiert die Innenstadt von San Francisco (rechts). Die Brücke am unteren Bildrand ist die Bay Bridge, die San Francisco mit Oakland verbindet.

Quelle: Space Imaging; IKONOS, 1m Auflösung

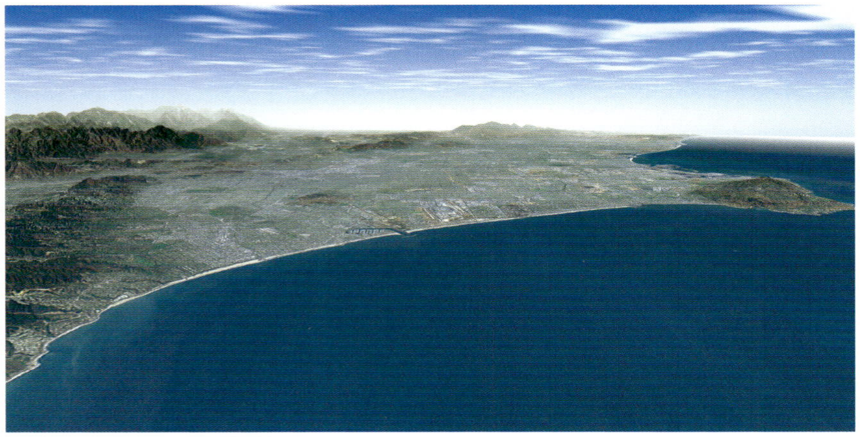

Los Angeles

Aus einer Echtfarb-Aufnahme zusammen mit einem digitalen Höhenmodell lässt sich mit Computerhilfe ein nahezu realistisches Bild des Großraums Los Angeles erzeugen. Der Blick reicht von der pazifischen Küste bei Santa Monica bis zu den San-Gabriels-Bergen im Hintergrund. In der Bildmitte ist der Jachthafen in Marina del Rey und der internationale Flughafen zu erkennen, rechts liegt die Halbinsel Palos Verdes.

Quelle: DLR; Daten: NASA, Landsat TM

Landwirtschaft in Kansas

Der Staat Kansas wird landwirtschaftlich intensiv genutzt. Kreisförmige bewässerte Felder bestimmen das Bild. Die unterschiedlichen Farbtöne der Felder in dieser Falschfarbenaufnahme geben Hinweis auf Art und Zustand der angebauten Feldfrucht sowie auf den Grad der Feuchtigkeit im Boden. Aus der Höhe des Satelliten fasziniert das Muster der Felder, das eher an ein abstraktes Gemälde erinnert.

Quelle: USGS/EROS Data Center; Landsat-7 ETM+

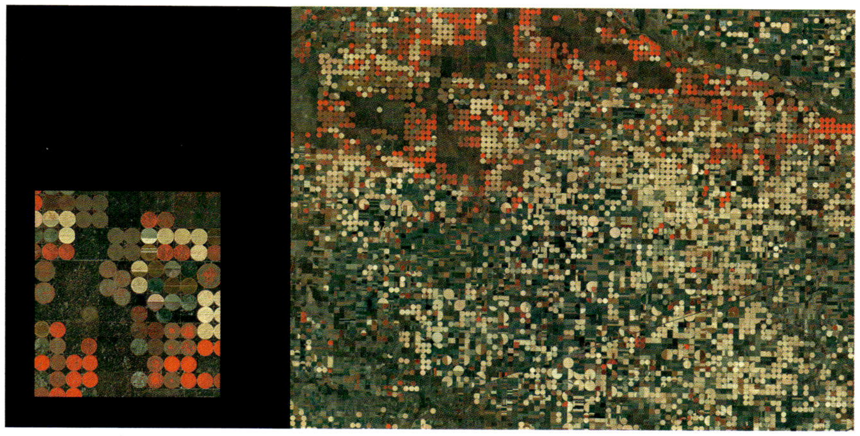

Kartografie

Satellitenbilder liefern wesentliche Unterstützung für kartografische Aufgaben. Sie geben einen großräumigen Überblick mit hoher Auflösung auch in Gebieten, die nicht so leicht erreichbar sind. Die Bilder zeigen links einen Ausschnitt nahe der kroatischen Küste (oben), eine Szene aus der Slowakei (unten) und rechts den Mt. Everest (oben) und die Mündung eines Nebenarms des Irrawaddi bei Yangon (Myanmar).

Quelle: DLR (3), ACRoRS; MOMS (3), Landsat TM

Augen der Erde?

Der Einschlag eines Asteroiden hinterließ den Aorounga-Krater (links) im nördlichen Tschad. Wissenschaftler vermuten, dass weitere bisher noch nicht entdeckte Krater auf einen Mehrfachtreffer hinweisen.
In der Wüste Mauretaniens wurden Sedimente des Urozeans an die Erdoberfläche gedrückt. Die unterschiedlich harten Schichten der Intrusion erodierten zu konzentrischen Felsringen und Senken. Das markante »Ochsenauge« (rechts) ist eine Landmarke für die Astronauten.

Quelle: NASA, USGS/EROS Data Center; SIR-C/X-SAR, Landsat-7 ETM+

Unsere Erde bei Nacht

Die urbanen Gebiete der Erde sind aus dem All mit hoch empfindlichen Spezialkameras durch ihre Lichter klar zu erkennen. Urbane Gebiete sind aber nicht immer die Bevölkerungsschwerpunkte, wie das Beispiel Indien zeigt. Die Ränder der Kontinente sind durch die vielen Küstenorte klar vom Meer abgegrenzt. Über Berechnungen sind Rückschlüsse auf den Energieverbrauch verschiedener Regionen möglich.

Quelle: DLR, NASA; DMSP OLS

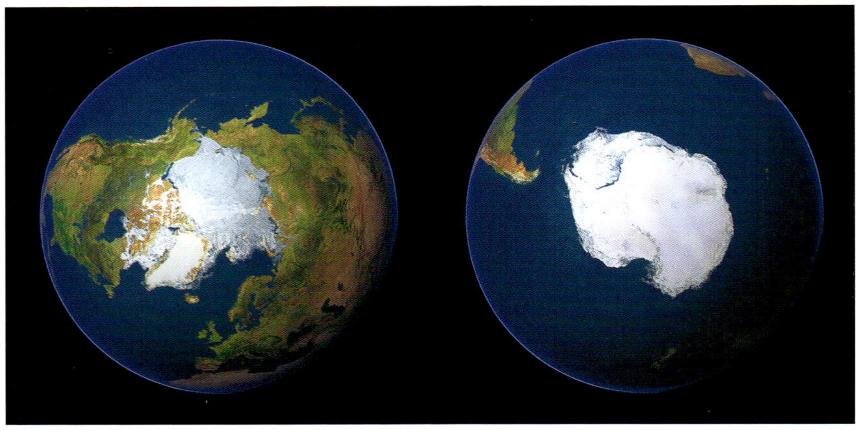

Die Pole der Erde

Die Pole der Erde ohne störende Bewölkung abzubilden ist fotografisch prinzipiell unerreichbar. Nur mit Hilfe einer im Computer erzeugten künstlichen Perspektive ließen sich diese ungewöhnlichen Ansichten senkrecht über den Polen unserer Erde generieren. Die Basis für diese Bilder sind wolkenfreie Satellitenbildmosaike in Verbindung mit Techniken der Computeranimation.

Quelle: Planetary Visions

Die Erde aus geostationärer Sicht

Einige Wettersatelliten stehen auf geostationären Positionen in 36 000 Kilometer Höhe über dem Äquator und beobachten von dort aus ständig das Wettergeschehen auf der Erde.
Zu sehen sind von links nach rechts Aufnahmen des amerikanischen GOES-10 (Position auf 135 ° W) und GOES-8 (75 ° W), des europäischen Meteosat-4 (0 °) und des japanischen GMS-5 (140 ° O)

Quelle: DLR (3), NASA; GOES-10, -8, Meteosat-4 (© EUMETSAT), GMS-5

Perlen im Meer

Wie auf einer Perlenschnur aufgezogen, reihen sich die Atolle der Malediven aneinander. Hinweise auf Riffe, Untiefen und andere Gefahrenstellen für die Schifffahrt können aus solchen Aufnahmen abgeleitet werden. Für die Malediven, als einem der besten Tauchreviere der Welt, ist die sich ausbreitende Korallenbleiche neben der ökologischen auch eine wirtschaftliche Bedrohung. Die Ausbreitung des Problems ist z. T. auch mit Satelliten erfassbar.

Quelle: USGS/EROS Data Center; Landsat-7 ETM+

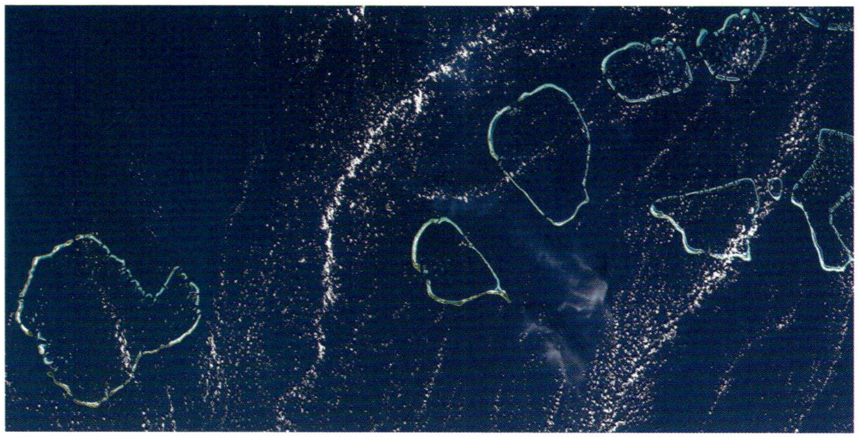

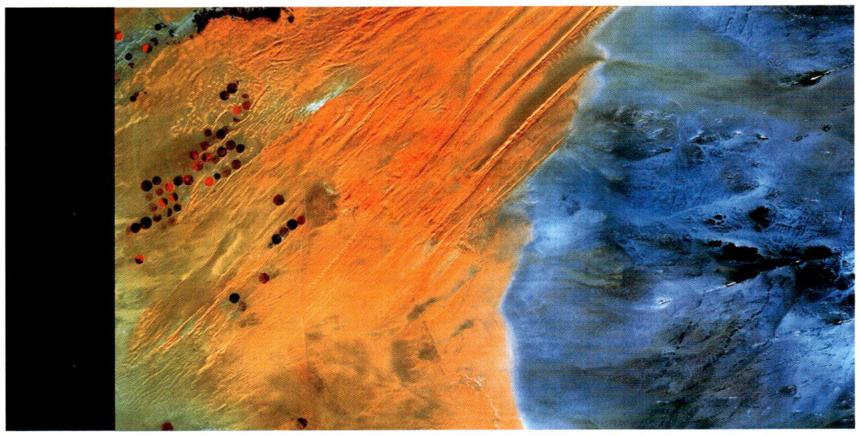

Landwirtschaft am Rande der Wüste

In Trockengebieten, wie hier am Rande der saudi-arabischen Wüste, kann Landwirtschaft nur durch intensive Bewässerung existieren. Die bewässerten Flächen sind als Kreise am linken Bildrand zu erkennen. Gebirgs- und Dünenzüge geben dem Bild eine interessante Struktur.

Quelle: DLR; MOMS

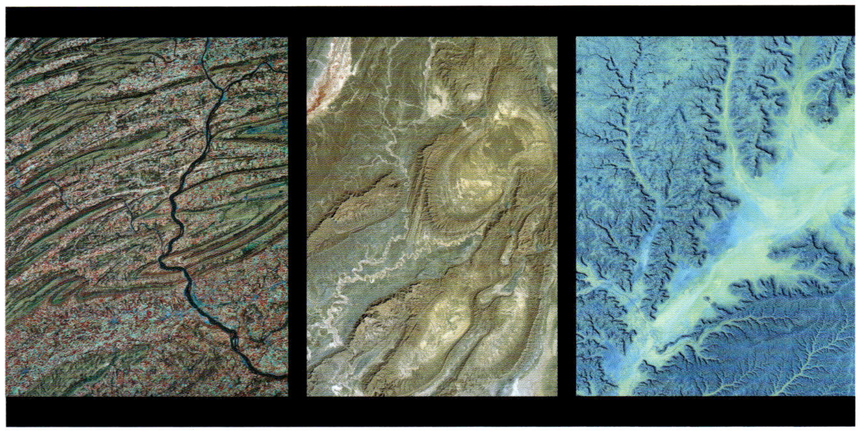

Geologie

Die Bereitstellung geologischer Information z.B. für die Prospektion von Erdöl und anderer Bodenschätze ist eine wichtige Aufgabe der Satellitenfernerkundung.

Die Bilder zeigen von links nach rechts die Appalachen bei Harrisburg mit dem Susquehanna River, geologische Strukturen in Afghanistan und das Wadi Hadramaut im Jemen.

Quelle: USGS/EROS Data Center, NRSA, DLR; Landsat TM, IRS, MOMS

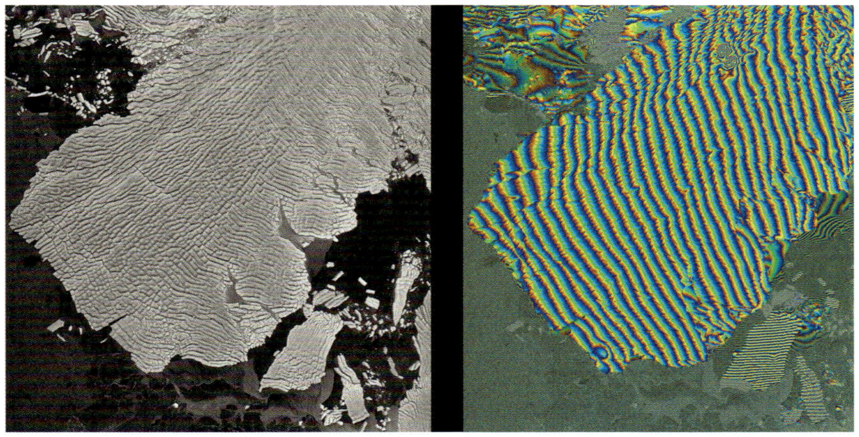

Thwaites-Gletscher, Antarktis

Der Thwaites-Gletscher in der westlichen Antarktis speist mit seinen Eisströmen das Crosson-Schelfeis. Das linke aufbereitete Radarbild zeigt die vielen Brüche und Spalten des Gletschers und einige Eisberge, die sich bereits abgelöst haben. Das zugehörige Phasenbild (Fringe) gibt Hinweise auf die Topografie, Veränderungen der Eisdicke und Bewegungsrichtung in den verschiedenen Bereichen des Gletschers.

Quelle: ESA/DLR; ERS-2, 23.2.2000

Einsame Schönheit

Aufgefaltete Sedimente bilden die MacDonnell-Berge in Zentralaustralien. Die Schichten enthalten große Gasvorkommen. Der Fincke River durchbricht das Gebirge in einem tiefen Canyon, in dem seltene Palmen gedeihen. Diese Art ist bereits 50 Millionen Jahre alt.
Die Rub-al-Khali ist die größte homogene Sandwüste der Welt. Die Dünen erscheinen durch Eisenoxide gelblich gefärbt, während in den Tälern dazwischen Tone und Treibsand bläulich reflektieren.

Quelle: NASA; SIR-C/X-SAR, Terra ASTER

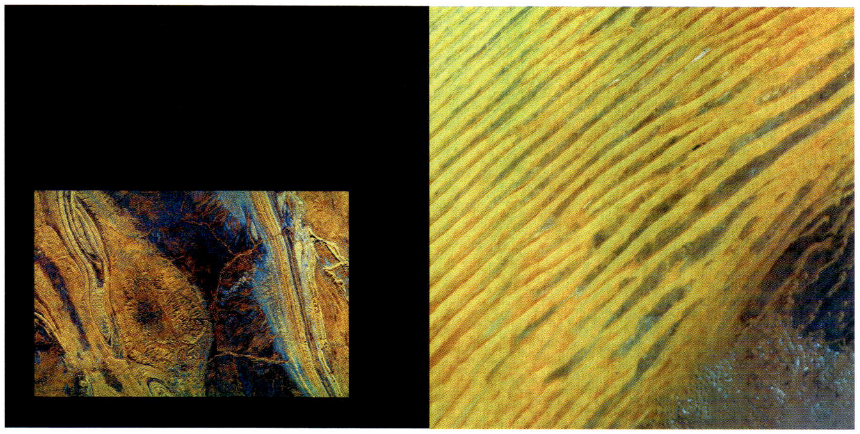

Eis im Wedellmeer

Die verschiedenen Formen des Packeises (neues und altes Eis, zusammengepresste Schollen) können auf keine andere Weise als mit Radar abgebildet werden. Die Dicke der Schollen schwankt zwischen wenigen Zentimetern (rot) bis zu mehr als zwei Metern (blau-grau). Offene Stellen sind an den dunklen Linien zu erkennen.

Quelle: NASA; SIR-C/X-SAR

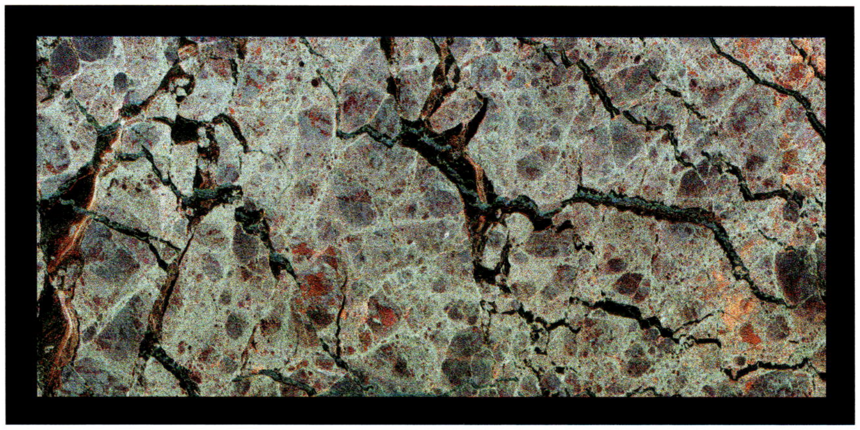

Farbige Welt

Die thailändische Hauptstadt Bangkok (links) liegt nördlich der Mündung des Chao Phraya in den Golf von Thailand. Diese Daten wurden zur Stadtplanung für die Metropole und ihr Umland benutzt. Riesige Flächen werden in der kanadischen Provinz British Columbia gerodet. Zur Überwachung der Abholzungen und zur Vegetationskontrolle sind regelmäßige Satellitenaufnahmen wie diese unerlässlich.

Quelle: ACRoRS, CCRS; Landsat TM

Teneriffa

Die Insel Teneriffa wird dominiert vom Vulkan Teide, dessen großer Krater (Caldera) in der Bildmitte zu erkennen ist. In sie hinein und aus der Caldera heraus fließen Lavaströme unterschiedlichen Alters und abweichender Rauigkeit, dargestellt in Grün- und Brauntönen. Die dicht besiedelten Gebiete der Tourismushochburgen von Los Christianos und Playa de las Americas sind an der Küste zu erkennen.

Quelle NASA; SIR-C/X-SAR

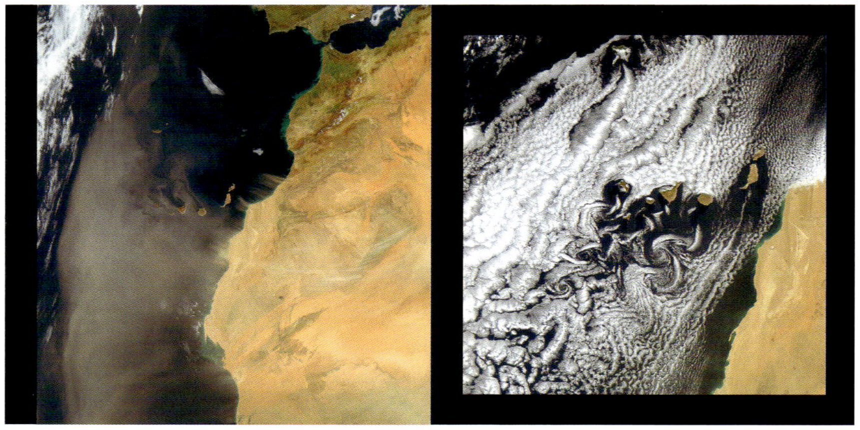

Die Kanarischen Inseln im Wind

Stürme transportieren große Sandmengen aus der Sahara bis weit in den Atlantik hinaus. Durch diese Transporte entstanden wohl auch die Dünen der Kanarischen Inseln.
Gebirge stellen Hindernisse für die Windströmungen dar. Durch die Bergspitzen der Kanaren entstehen die so genannten Von-Karman-Wirbel, die in voller Größe nur aus dem Weltraum erfasst werden können.

Quelle: NASA, ORBIMAGE; SeaWiFS

Hongkong

Hongkong ist einer der wichtigsten Häfen im Fernen Osten.
Links: Die Schiffe in der südchinesischen See sind als helle Punkte zu erkennen. Die Hochhäuser der City wirken wie Spiegel und reflektieren das Radarsignal stark, während die Rollfelder des Flughafens und die Straßen als dunkle Linien erscheinen. Das rechte Bild zeigt das Zentrum der Millionenstadt und die Piers der Fährverbindungen als optisches Bild mit einer Auflösung von vier Metern.

Quelle: NASA, Space Imaging; SIR-C/X-SAR, IKONOS

Saudi-Arabien

Die Bilder zeigen geologische Formationen in Saudi-Arabien östlich von Mekka. Die kreisförmigen Flecken im mittleren Bild sind bewässerte Felder in der ansonsten trockenen Halbwüste. Die Suche nach Grundwasser – z. B. in von Sand verschütteten Wadis – ist eine wichtige Aufgabe der Geologen. Bilder dieser Art können sie unterstützen und dienen u. a. auch der Bestimmung der Landnutzung.

Quelle: DLR; MOMS

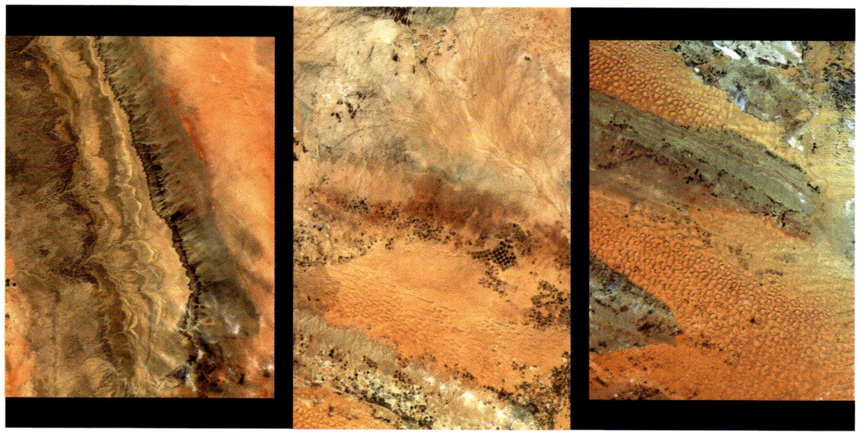

Mississippi-Delta

Wenn der Mississippi nach fast 4000 Kilometern quer durch die USA den Golf von Mexiko erreicht, wird er langsamer und lädt seine Fracht an Schwemmstoffen ab. Dadurch wächst das Delta immer weiter in das Meer hinaus. Deutlich zu erkennen sind die verschiedenen Schwemmlandtypen und als helle Punkte die Ölförderplattformen im Golf von Mexiko.

Quelle: NASA; SIR-C/X-SAR

Landnutzung

Wie die Landschaft genutzt wird, kann mit Hilfe von Satellitenbildern besser bestimmt werden. Die Bilder der deutschen MOMS-Kamera zeigen Beispiele aus Australien (links oben), Rumänien (links unten) und Ungarn (rechts unten). Im Radarbild (rechts oben) erscheinen die bestellten Getreidefelder am Dnjepr, Ukraine kurz nach dem Winter auf Grund ihrer glatten Textur in dunkleren Tönen. Die Hecken zwischen den Feldern, und die Auwälder am Flussufer sind deutlich zu erkennen.

Quelle: DLR (3), NASA; MOMS (3), SIR-C/X-SAR

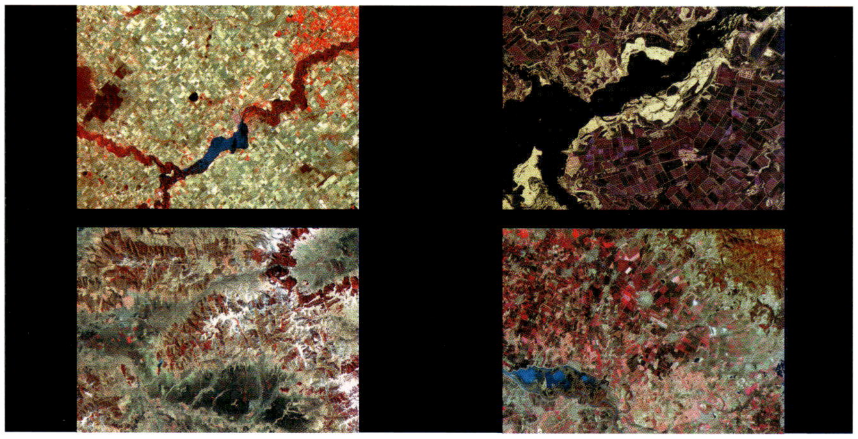

Sahara

Nutzlast des ersten Spacelab-Fluges im November 1983 war eine neuartige Kamera, die für kartografische Zwecke optimiert war. Sie war eine Weiterentwicklung der Zeiss RMKA 30/23 mit einem Filmformat von 23 x 23 cm und einer Bodenauflösung von 12 x 12 m.
Das Bild zeigt eine der seltenen Wolken über der Sahara westlich von El Djouf in Mauretanien.

Quelle: DLR; Metrische Kamera, 2.12.1983

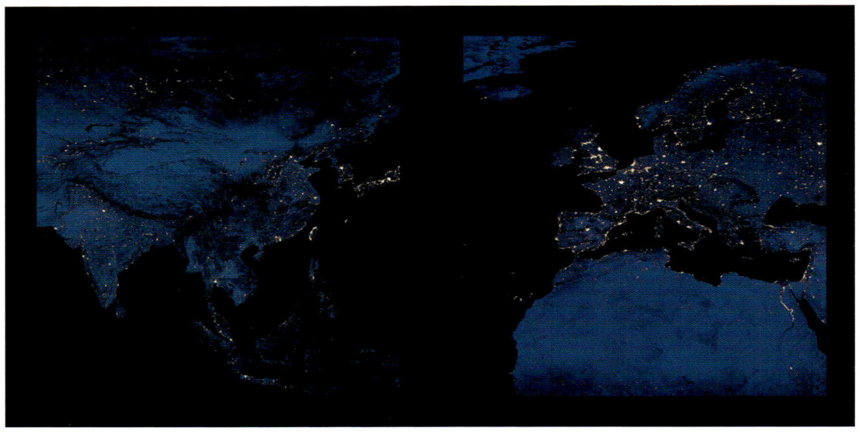

Die Lichter Asiens und Europas

Die urbanen Gebiete Asiens (links) und Europas (rechts) treten beim Blick aus dem Weltall durch ihre Beleuchtung klar hervor.
Die Ballungsräume Europas und Japans strahlen deutlich heller als die dichter besiedelten Städte Indiens. Dies gibt Hinweise auf den Energieverbrauch in diesen Regionen.

Quelle: NASA / DLR; DMSP OLS

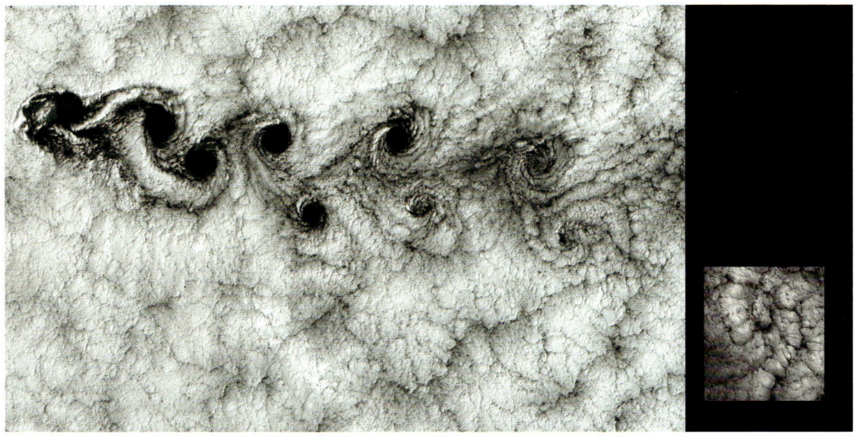

Wirbel um Robinsons Insel

Eine eindrucksvolle Von-Karman-Wirbelstraße wird durch die Berggipfel der Insel Alejandro Selkirk (Chile) erzeugt. Nur ein Satellit erfasst die volle Größe der Wirbelschleppe. Auf dieser Insel lebte viele Jahre das literarische Vorbild für Robinson Crusoe.
Rechts: Irgendwo auf der Welt braut sich ein starkes Tiefdruckgebiet zusammen. Die typische Wolkenspirale hat sich bereits gebildet.

Quelle: USGS/EROS Data Center, NASA; Landsat-7 ETM+, Terra MISR

Panorama des nordatlantischen Meeresbodens

Die Trennung der Kontinente Europa und Amerika fand vor 120 bis 40 Millionen Jahren statt. Der Bruch verlief zunächst zwischen Grönland (am oberen linken Bildrand) und Kanada, bis aufsteigendes Magma die Scholle zwischen Grönland und Skandinavien (oben rechts) spaltete. Neue Satellitendaten enthüllen den Vorgang in seiner ganzen Dramatik.

Quelle: DLR; ETOPO-5

Historische Städte

Istanbul (links) bildet seit der Antike die Brücke zwischen Europa und Asien. Die Stadt liegt am Goldenen Horn, einem Nebenarm des engen Bosporus, der das Schwarze Meer im Norden mit dem Marmarameer im Süden verbindet.

Auf den Mauern des maurischen Kastells Mayrit aus dem 9. Jahrhundert entstand Madrid (rechts), seit 1561 Hauptstadt Spaniens. Zwischen dem Palacio Real und dem Parque del Retiro liegt der alte Stadtkern.

Quelle: NASA; Terra ASTER, 2000

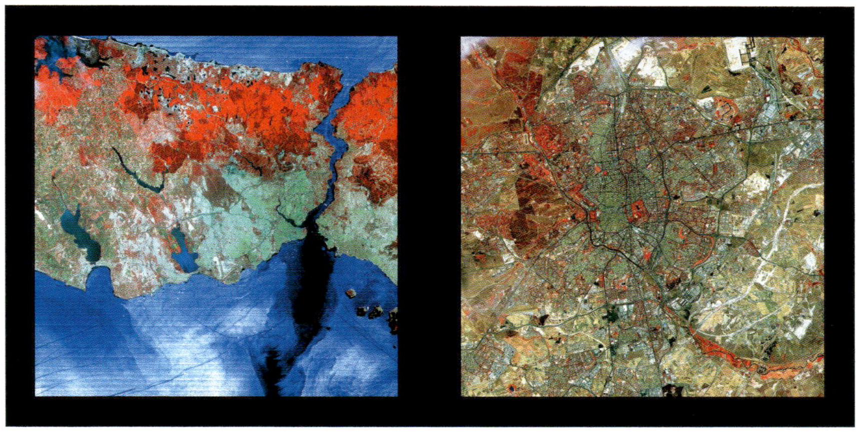

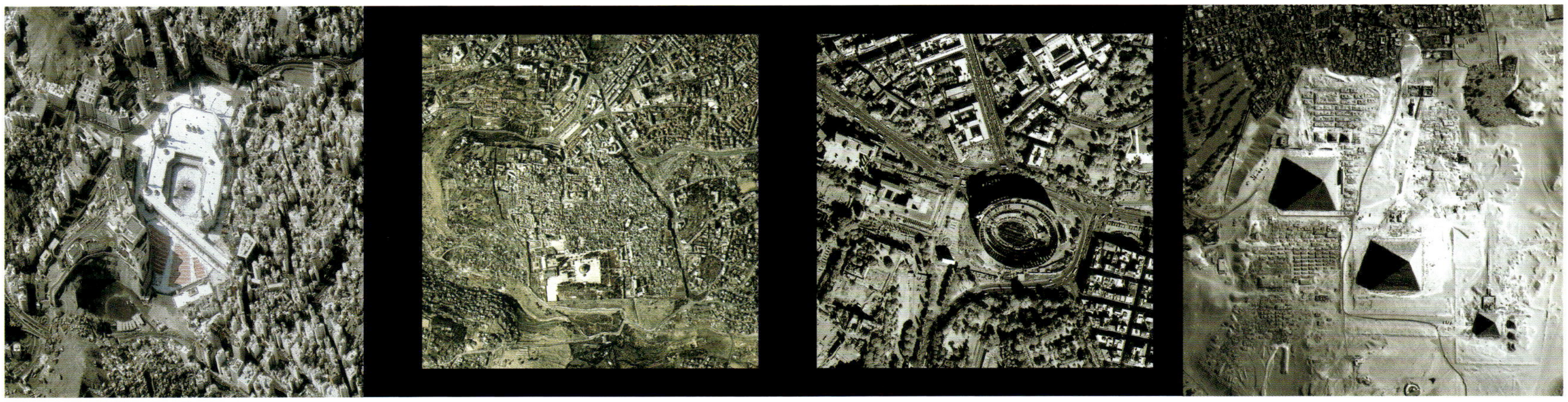

Heilige Stätten der Menschheit

Mekka (Al-Haram-Moschee mit der Kaaba), Jerusalem (mauerumkränzte Altstadt mit Tempelberg, Felsendom und Al-Aksa-Moschee) und Rom (Kolosseum Romanum) sind die bedeutendsten Städte der drei großen Religionen. Die großen Pyramiden von Giseh entstanden bereits vor 4500 Jahren als Zeichen der göttlichen Verehrung für die Pharaonen Cheops, Chephren und Mykerinos.

Quelle: Space Imaging; IKONOS, 2001, 1m und 4m Auflösung

Wüste Namib, Namibia

Dieses Radarbild zeigt die Wüste Namib bei Diaz Point nördlich der Stadt Lüderitz. In dieser Region fallen nur wenige Zentimeter Regen im Jahr. Die rötlich gefärbten Gebiete sind Sanddünen, die bis zum Atlantik (orange gefärbt) reichen. Klar zu erkennen sind die Felsen, die die Sandoberfläche durchstoßen.

Quelle: NASA; SIR-C/X-SAR

Weites Land

In der Mojavewüste liegt Barstow (links). Die orangefarbenen runden und rechteckigen Muster sind bewässerte Felder. Schottergebiete erscheinen in dieser Falschfarben-Aufnahme blau, die felsigen Gebiete in Brauntönen und der trockene Lake Coyote dunkel. Samara (rechts), das frühere Kuibyshew an der Wolga ist eine geschäftige Industriestadt. Kleine Seen und Totarme zeigen frühere Verläufe des mäandrierenden Flusses. Links im Bild ist der Samarskaja Luka Nationalpark.

Quelle: NASA; SIR-C/X-SAR

Marokko

Das Faltengebirge des Hohen Atlas dominiert die Geografie Marokkos. Erdbeben und tektonische Vorgänge verschoben im Laufe der Zeit die Faltenlinien. Wind und Erosion formten aus den unterschiedlich harten Schichten die Täler und Bergrücken an der Ostseite des Gebirges nahe der Stadt Rissani und der algerischen Grenze.

Quelle: NASA; SIR-C/X-SAR

Natürliche und künstliche Strukturen

Das Gebiet rund um Sunbury, USA (links), entstand während der Auffaltung der Appalachen. Erosion ließ nur den härteren Sandstein stehen. Öl verschmutzt die Arabische See rund um ein Offshore-Ölfeld (Mitte). Hauchdünne Ölfilme werden durch Wind und Seegang auf dem Meer verteilt. Im nördlichen Sudan (Keraf Suture) wurden durch Radar unter dem Sand verborgene Formationen gefunden. Sie beantworten die alte Frage, was den Lauf des Nils (gelb-grüne Linie) eigentlich bestimmt.

Quelle: NASA; SIR-C/X-SAR

China

Bewaldete Hügelketten durchziehen den Norden der chinesischen Provinz Fujian (links). Kleine Flüsse mäandrieren durch die landwirtschaftlich genutzten Gebiete. Das rechte Bild zeigt geologische Strukturen am Südrand der Altun-Shan-Berge in China. Die schwarze Linie, die das Bild von links unten nach rechts oben durchquert, ist eine Straße. Diese Daten wurden zur geologischen Kartierung Chinas und zur Bestimmung der Landnutzung verwendet.

Quelle: USGS/EROS Data Center, China RSGS; Landsat TM

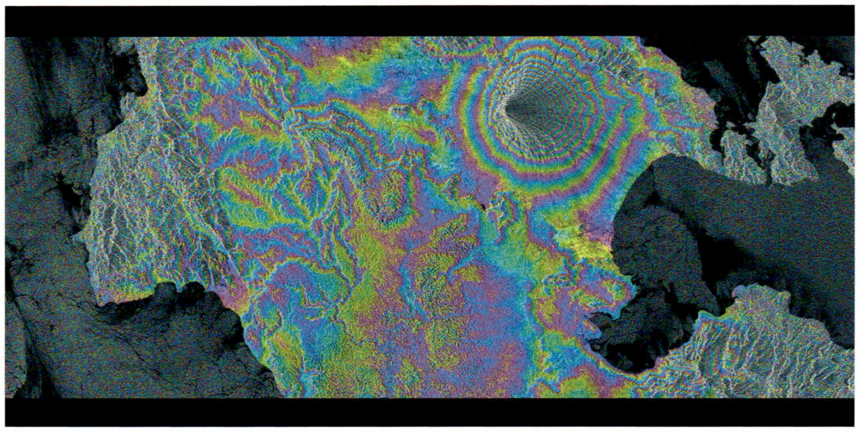

Fringes

Radarsatelliten lassen deutlich die Strukturen der Erdoberfläche erkennen. Wie die Höhenlinien einer Karte geben die »fringes« genannten Linien gleicher Phasendifferenz die Höhenschichtungen wieder. In weiteren Verarbeitungsschritten entstehen daraus digitale Geländemodelle oder dreidimensionale Abbilder der Region. Das Bild zeigt den Vulkan Mayon auf der Insel Luzon (Philippinen), der zuletzt im Juni 2001 ausbrach.

Quelle: ACRoRS, ESA; ERS-1

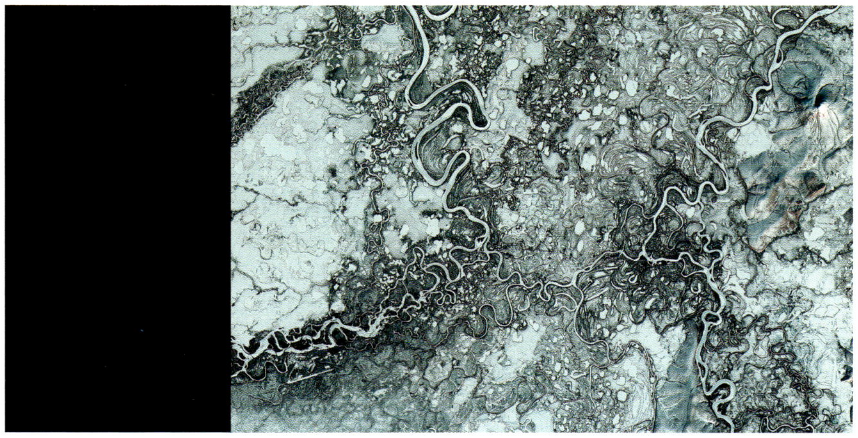

Sibirische Tundra

Im äußersten Osten Sibiriens nahe der Beringstraße windet sich der Fluss Maynopil'gyn durch das Permafrostgebiet. Nur wenige Monate im Jahr ist der Fluss eisfrei, der Boden taut aber nur wenige Zentimeter tief auf. Diese Winteraufnahme wirkt an sich wie ein Schwarz-Weiß-Bild, am rechten Bildrand sind aber Farben zu erkennen.

Quelle: USGS/EROS Data Center; Landsat-7 ETM+

Gletscher

Auch Mutter Natur macht manchmal Scherze: Aus dem All sieht der Petermann-Gletscher in Grönland (links, im oberen Bilddrittel) wie ein riesiger weißer Hai aus.
Die rechte Falschfarben-Aufnahme eines großen Gletschers des Patagonia Ice Sheet zeigt in rötlichen Tönen die Vegetation. Im Eis sind tiefe Risse zu erkennen.

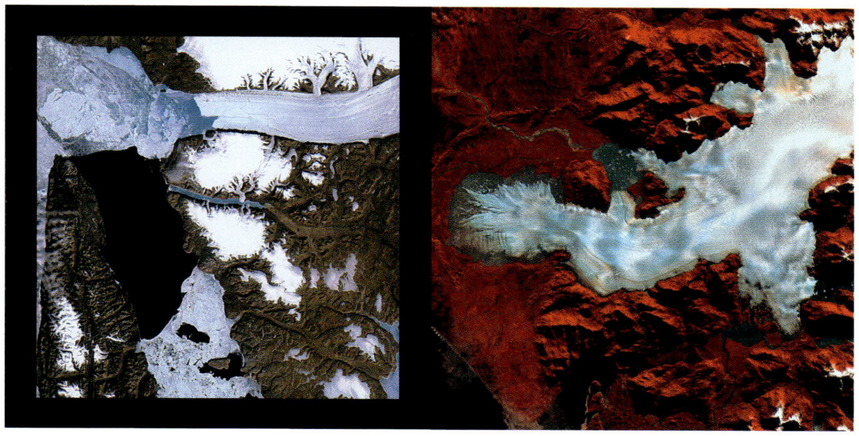

QUELLE: USGS/EROS DATA CENTER, NASA; LANDSAT-7 ETM+, TERRA ASTER

Geografische Strukturen

Mittels Satelliten lassen sich geografische Daten aus allen Regionen der Erde mit hoher Präzision gewinnen. Beispiele dafür sind die Szenen aus Tibet (links), eines Salzsees in der afghanischen Wüste (Mitte) und der stark gegliederten kroatischen Küste (rechts). Daten dieser Art finden verstärkt Eingang in die Kartografie.

QUELLE: DLR (2), GAF; MOMS (2), IRS

Tiefdruckwirbel

Nachdem Hurrikane ihre zerstörerische Kraft weitgehend verloren haben, gelangen sie als Sturmtiefs bis nach Europa. Sie haben dann innerhalb von zwei Wochen über 20 000 Kilometer aus der tropischen Karibik bis in unsere Breiten zurückgelegt. Der linke Wirbel, Überrest eines tropischen Sturms, traf Mitteleuropa im Februar 1994 mit großer Gewalt. Der Sturm Lothar (rechts) traf in der Weihnachtszeit 1999 auf die deutsche Küste und löste dort eine Sturmflut aus.

QUELLE: DLR; NOAA-12 AVHRR (3.2.1994) UND NOAA-14 AVHRR (25.12.1999)

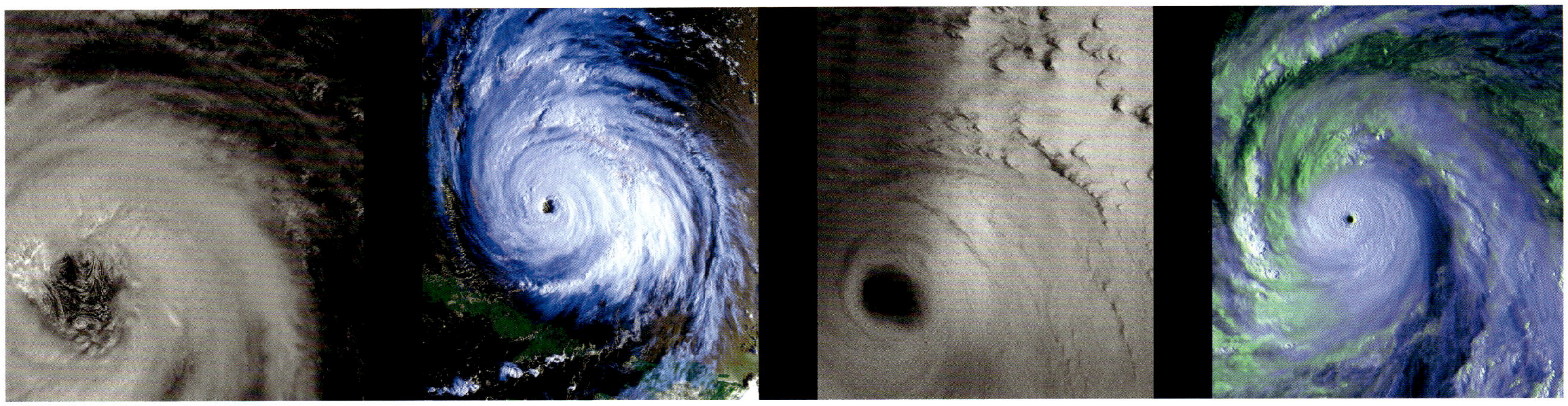

Hurrikane

Hurrikane gehören zu den stärksten Stürmen der Erde. Sie entstehen in äquatorialen Gebieten des Atlantiks, erreichen Windgeschwindigkeiten bis zu 300 Stundenkilometern und entwickeln zerstörerische Kräfte. Ihre Ausläufer können als Sturmtiefs bis Grönland und Skandinavien gelangen. Die Bildsequenz zeigt die Hurrikane Alberto (Bild 1, 2000), Floyd (1999), gesehen von einem Wettersatelliten (Bild 2) und im Radarbild (Bild 3), sowie Gilbert (Bild 4, 1988).

Quelle: NOAA (2), NASA, Radarsat Int'l.; NOAA AVHRR (2), Terra MISR, Radarsat –1

Strömungen

Im Wasser des Ozeans bilden sich Wirbel und Strömungen, die mit bloßem Auge oft nicht zu entdecken sind. Erst die thermische Information kombiniert mit der Ozeanfarbe lässt die Wasserkörper mit ihren unterschiedlichen Temperaturen und Chlorophyllgehalten deutlich erkennen. Daten dieser Art sind außerordentlich hilfreich für die Fischerei sowie ozeanografische Fragestellungen.

Quelle: NASDA; OCTS

Mount Everest

Der Mount Everest ist mit 8846 Metern der höchste Berg der Erde. Er überragt das Grenzgebiet zwischen Nepal und Tibet/China. Die künstliche 3D-Ansicht, generiert aus den Daten von MOMS, zeigt den Berg ohne seine berühmte Wolkenfahne. Bergsteiger aus aller Welt nutzen solche Darstellungen zur Planung ihrer Expeditionen.

Quelle: DLR; MOMS

Der Marree Man

Bei einer Routinekontrolle fanden am 15.7.1998 australische Polizisten den größten Geoglyphen der Welt. Eine vier Kilometer große Figur wurde südlich des Lake Eyre in die dünne Oberfläche der Simpsonwüste eingegraben. Das freigelegte Grundgestein zeigt einen jagenden Ureinwohner Australiens. Um die Figur des Marree Man zu erstellen, müssen die bis heute unbekannten Künstler durch Computer und GPS gesteuerte schwere Geräte benutzt haben.

Quelle: ACRES; Landsat-5 TM am 28. Juni 1998

Der Drachensee in Sibirien

Der Stausee von Bratsk, in dem die Flüsse Angara (von rechts unten aus dem Baikalsee kommend), Oka und Iya aufgestaut werden, liegt wie ein urzeitlicher Drache in den Bergen Südsibiriens. Der Damm und die Stadt Bratsk sind in der linken oberen Ecke des Bildes zu erkennen.

Quelle: USGS/EROS Data Center; Landsat-7 ETM+

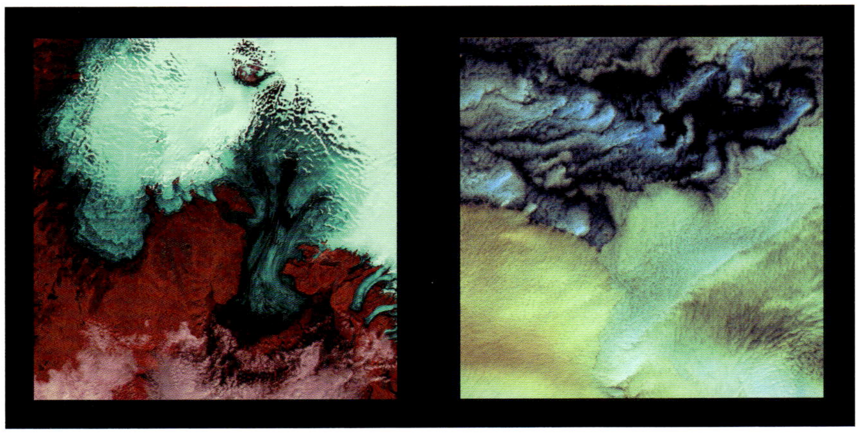

Eis am Boden und in der Luft

Die riesige Eiskappe des Vatna Jökull in Island speist auch die Gletscher im Skaftafell-Nationalpark, die sich nach Süden in Richtung Meer bewegen. Unter dem Eis sind die Vulkane des Mittelatlantischen Rückens noch immer aktiv. Rechts ist eine typische Wolkenbildung über den Aleuten (Alaska) zu sehen. Diese Strukturen entstehen durch das Zusammentreffen kalter Polarluft mit den deutlich wärmeren Luftmassen aus dem pazifischen Raum.

QUELLE: USGS/EROS DATA CENTER; LANDSAT-7 ETM+

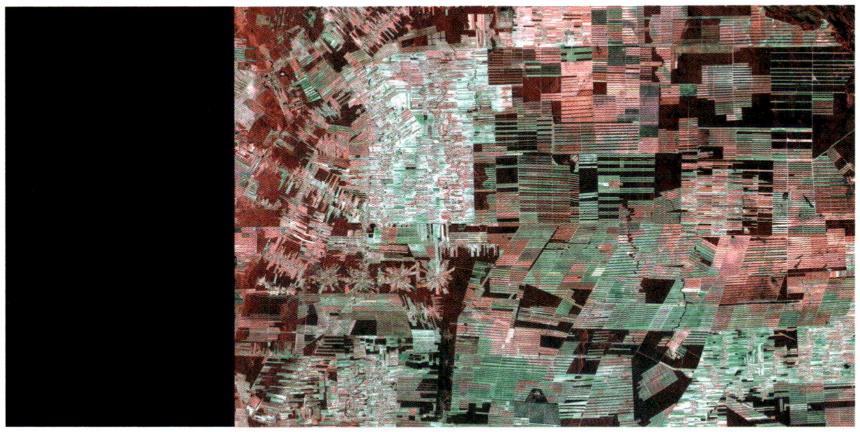

Szene aus Bolivien

Das Bild einer Kleinstadt in Bolivien zeigt, wie sich die landwirtschaftlich genutzten Flächen in den Regenwald des oberen Amazonas hineinfressen. Diese Daten erlauben die Erstellung von Landnutzungskarten und die Überwachung der teils illegalen Abholzungen im Urwald.

QUELLE: USGS/EROS DATA CENTER; LANDSAT-7 ETM+

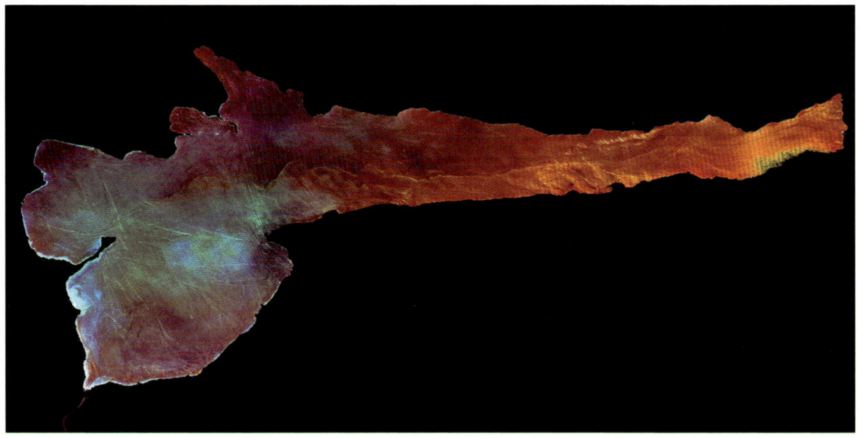

Das Wasser des Gardasees, Italien

Der Gardasee in Norditalien ist Italiens größter See. Er wurde durch Gletscher während der letzten Eiszeit geformt. Auf der Halbinsel Sirmione am Südende des Sees liegen römische Ruinen und die berühmte Scaligerburg. Das Bild, entstanden durch Maskieren der Landflächen und nachfolgende Kontrastverstärkung zeigt verschiedene Schwebstoffe im Wasser sowie die Spuren zahlreicher Boote, die den See kreuzen.

QUELLE: NASA; TERRA ASTER

Küstenlandschaft bei Darwin, Nordaustralien

Aus dem Weltall können auch ansonsten schwer zugängliche Gegenden der Erde besser beobachtet und klassifiziert werden. So erscheinen z. B. durch die Verwendung des Infrarotkanals die ausgedehnten Mangrovenwälder an der Küste des Arnhem-Landes und an den Ufern der Flüsse in hellem Rot.

Quelle: DLR; MOMS

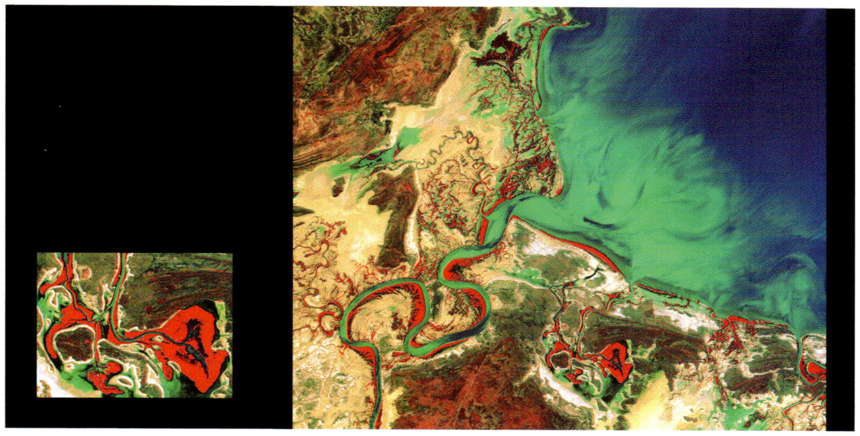

Der Lambert-Gletscher in der Antarktis

Der Lambert-Gletscher ist einer der größten Gletscher der Welt und mit über 400 Kilometern auch einer der längsten. Sein Einzugsgebiet bedeckt über eine Million Quadratkilometer. Sein Eis speist das Amery-Schelfeis. Das Radarbild zeigt die bogenförmigen Gletscherzungen und die umliegenden Berggipfel des Mac-Robertson-Lands. Das große Bild rechts zeigt eine optische Ansicht des Gletschers. Deutlich sind die in rötlichen Tönen aus dem Gletscher ragenden Felsen zu erkennen.

Quelle: Radarsat Int'l., USGS/EROS Data Center; Radarsat-1, Landsat-7 ETM+

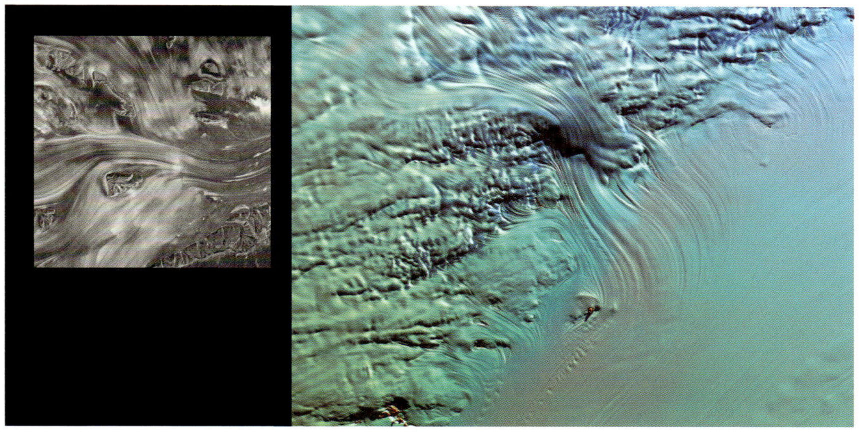

Hoch und Tief

Der Ngorongoro-Krater (links) ist die Caldera eines alten Vulkans. In ihm liegt das weltberühmte Wildreservat, das einen Teil des Serengeti-Nationalparks in Tansania bildet. Das Bild rechts zeigt die Banks-Halbinsel nahe Christchurch. Der markante Little River (oder Akaroa) Harbor schneidet tief in das Gebirge ein, eine schmale Landbrücke trennt den flachen Lake Ellesmere vom Pazifik ab (unten links im Bild).

Quelle: GAF, NRSA; Landsat TM, IRS

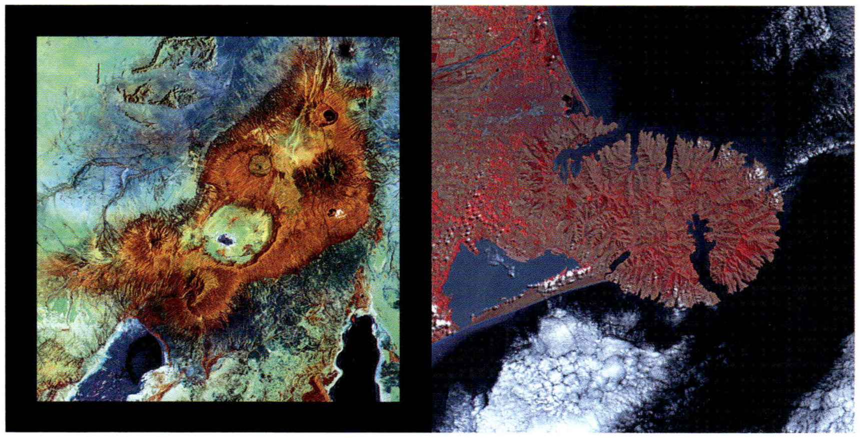

Los Angeles im Radarbild

Dieses Radarbild zeigt das dicht besiedelte Gebiet des Großraums Los Angeles von der Santa Monica Bay links oben bis hin zu den San-Gabriel-Bergen. Highways und das Gittermuster der Straßen von Los Angeles sind deutlich zu erkennen. Die schwarzen Flecken am rechten Bildrand sind die Spuren des Altadena-Buschfeuers von 1993. In der Nähe des Brandortes liegt eines der großen NASA-Forschungszentren.

QUELLE: NASA; SIR-C/X-SAR

Die Lichter Nordamerikas

Die großen Agglomerationsräume und Städte Nordamerikas sind aus dem All deutlich zu erkennen. Das regelmäßige Muster der Highways im ansonsten dünn besiedelten Mittelwesten dominiert die Bildmitte.

QUELLE: NASA / DLR; DMSP OLS

Eis

Der Frühling kommt nach China. Das Eis in der Bo-Hai-Bucht (links) östlich der chinesischen Hauptstadt Beijing bricht schon im Februar auf. Über dem Packeis der Barentssee (rechts) kühlen sich die Luftmassen stark ab. Die enthaltene Feuchtigkeit kondensiert und wird durch die Luftbewegung zum wärmeren Meer hin in geometrischen Mustern angeordnet.

QUELLE: CHINA RSGS, DLR; LANDSAT TM, NOAA-14 AVHRR

Wüste Dasht-e Kevir, Iran

Der stetige Wind hat den Sand verblasen und das Grundgestein des Dasht-e Kevir im Iran freigelegt. Die verschiedenen Gesteinsschichten und abgelagerte Tone und Salze erscheinen wie poliert. In ihrer Farbigkeit wirkt diese Szene wie die abgelegte Palette eines himmlischen Malers.

Quelle: USGS/EROS Data Center; Landsat-7 ETM+

Das Ozonloch über der Antarktis

Die Ozonschicht über der Antarktis reagiert stark auf die steigende Konzentration von Spurengasen in der Atmosphäre. Solange die Sonne im antarktischen Frühling die Atmosphäre erwärmt, wird das Ozon katalytisch zersetzt: ein Ozonloch bildet sich (violett). Im antarktischen Sommer kann sich die Schicht wieder regenerieren. Die Karte wird täglich erstellt, dargestellt sind aber nur Zeitschritte von jeweils etwa 10 Tagen.

Quelle: DLR / ESA; ERS-2 GOME, 2000

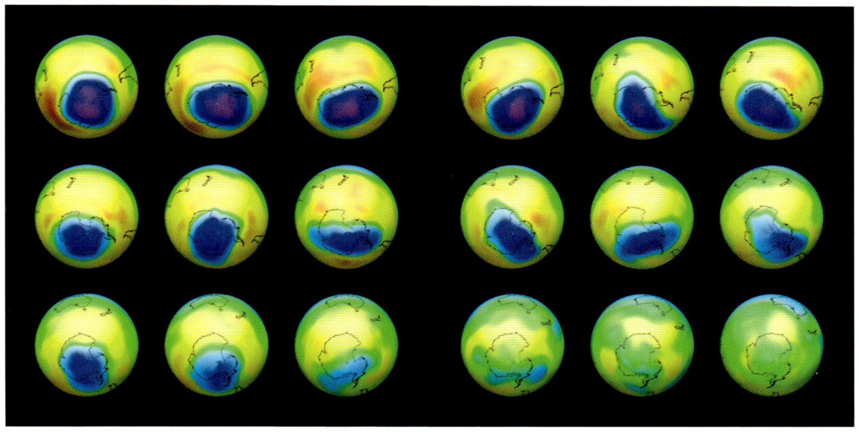

Rub-al-Khali, Saudi-Arabien

Die Berge am Rande der trockenen Rub-al-Khali (arabisch für »die große Leere«) im Grenzgebiet zwischen Saudi-Arabien und den Arabischen Emiraten stauen den Sand zu hohen Dünen.

Quelle: GAF; Landsat TM

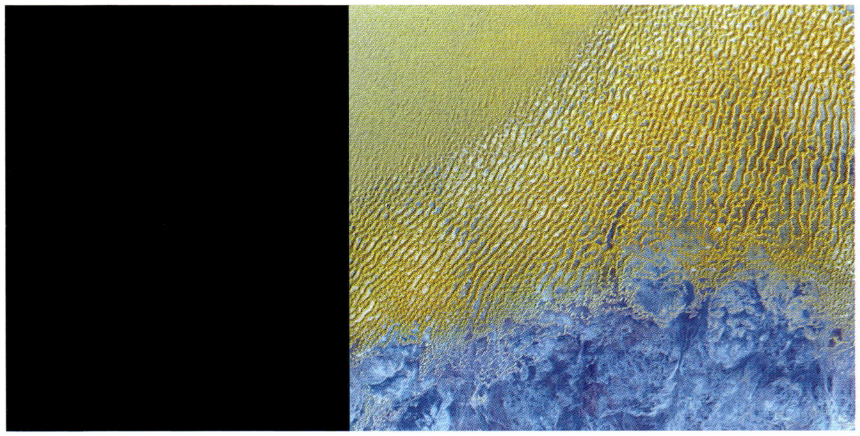

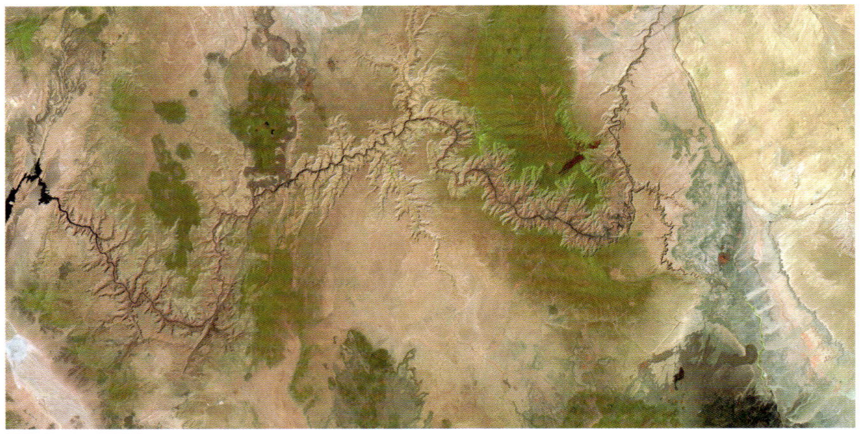

Grand Canyon, USA

Der Colorado grub sich in den letzten 5 bis 6 Millionen Jahren in das rund 2500 m hoch liegende Colorado-Plateau. Der bis zu 1600 m tiefe Grand Canyon wurde zuerst durch die Bright Angel Verwerfung (Bildmitte von unten) touristisch erschlossen. Das Bild umfasst in der Breite zwei Vollszenen des Landsat-7 ETM+.

Quelle: USGS/EROS Data Center; Landsat-7 ETM+, 2001

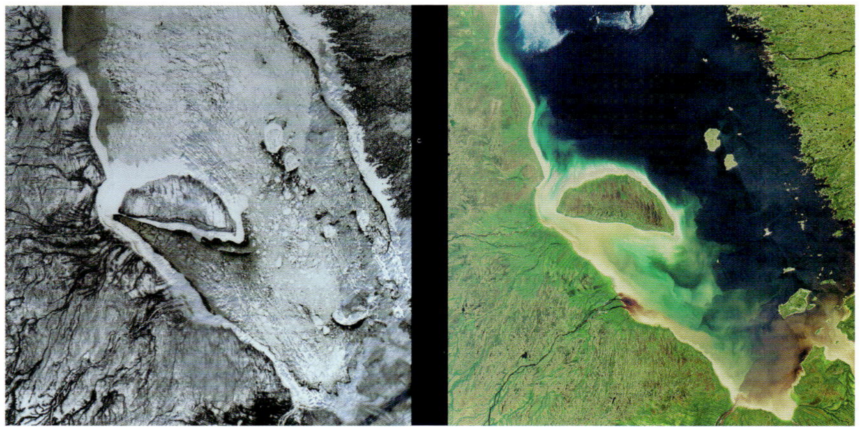

James Bay, Kanada

Die Bilder zeigen die nach dem englischen Entdecker Thomas James benannte kanadische James Bay im Winter (links) und im Sommer (rechts). Die Bucht ist der südliche Teil der Hudson Bay und friert im Winter nahezu vollständig zu.

Quelle: NASA; Terra MISR, 9.8.2000 und 16.1.2001

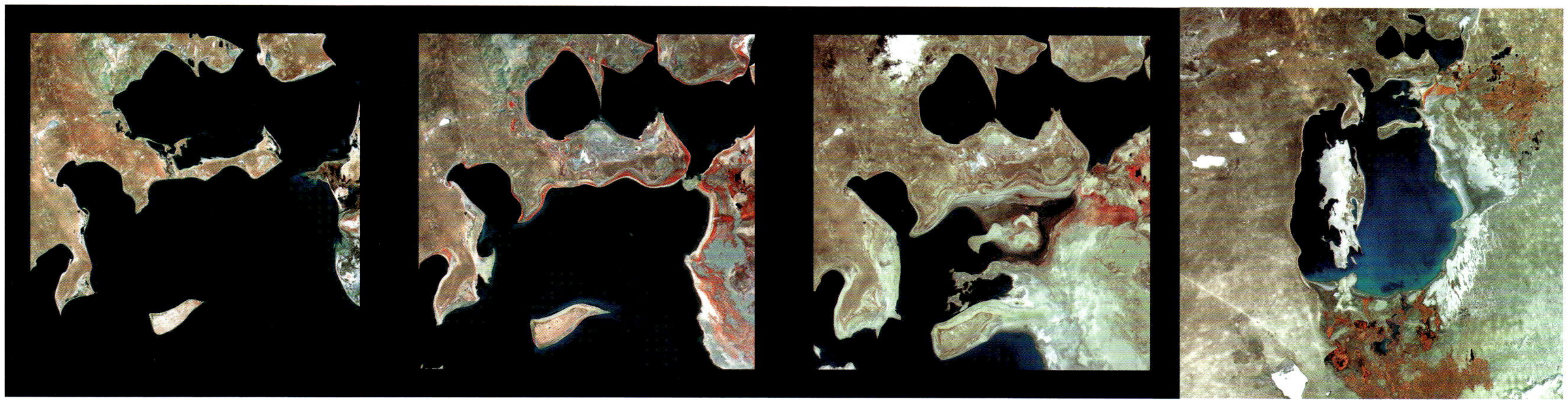

Aralsee, Kasachstan / Usbekistan

Der Aralsee verlandet seit Beginn der sechziger Jahre dramatisch, die Seefläche nahm von 1960 bis 1995 um 50 Prozent ab, das Volumen des Sees gar um 75 Prozent. Zur Bewässerung der Baumwollfelder im ariden Süden des Sees werden große Wassermengen seines Zuflusses Amudarja abgeleitet. Fischerorte, die noch vor 20 Jahren am Ufer des Binnenmeers lagen, liegen heute weit vom Seeufer entfernt. Das Bild rechts außen zeigt den gesamten See 1998. Die drei Ausschnitte zeigen das Gebiet des sogenannten kleinen Aralsees im Nordosten in den Jahren 1972, 1987 und 2000. Die ehemalige Bucht ist heute komplett verlandet und trennt den nördlichen kleineren vom südlichen großen See. Während der große Aralsee weiter verlandet, bleibt die Wasserfläche im nördlichen Bereich derzeit stabil.

Quelle: USGS/EROS Data Center (3), DLR; Landsat-1 (1972), -5 TM (1987), -7 ETM+ (2000), RESURS-01 (1998)

Dasht-e-Lut, Iran

Der Wüstenwind hat die Schichten eines alten Meeresbodens, schräg gestellt durch tektonische Kräfte, freigelegt. Salzhaltige Schichten reflektieren das Sonnenlicht stärker. In den Wadis (z. B. unten links) ist Grundwasser erreichbar, sodass karge Vegetation existieren kann.

Quelle: NRSA; IRS

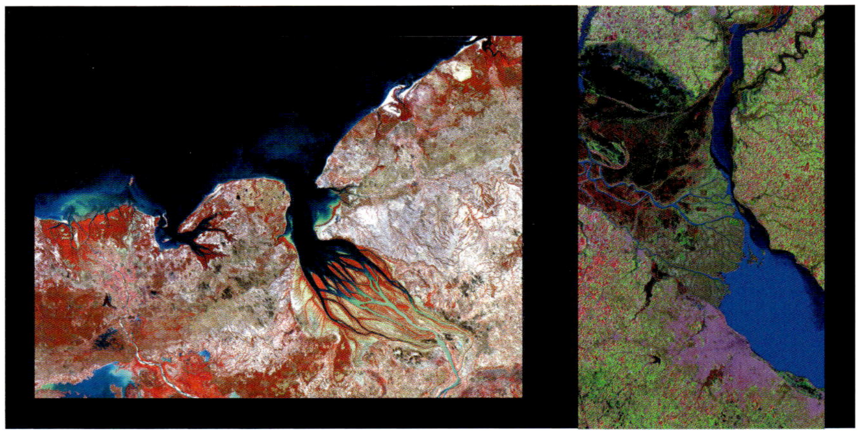

Urbanisierung

Rodungen setzten das Land den heftigen Monsunregenfällen aus. In sehr kurzer Zeit wurde die Krume rund um die Mündung des Betsiboka (Madagaskar) abgelagert, kleine Gestrüppinseln bildeten sich. Die Sedimentfracht belastet den Hafen von Mahajanga stark. Buenos Aires (rechts), die Hauptstadt Argentiniens, liegt am Rio de la Plata. Der Rio Uruguay ist vor der Mündung in die Bucht zu großen Stauseen aufgestaut worden. Rechts des La Plata ist schon uruguayisches Staatsgebiet.

Quelle: USGS/EROS Data Center; Landsat-7 ETM+

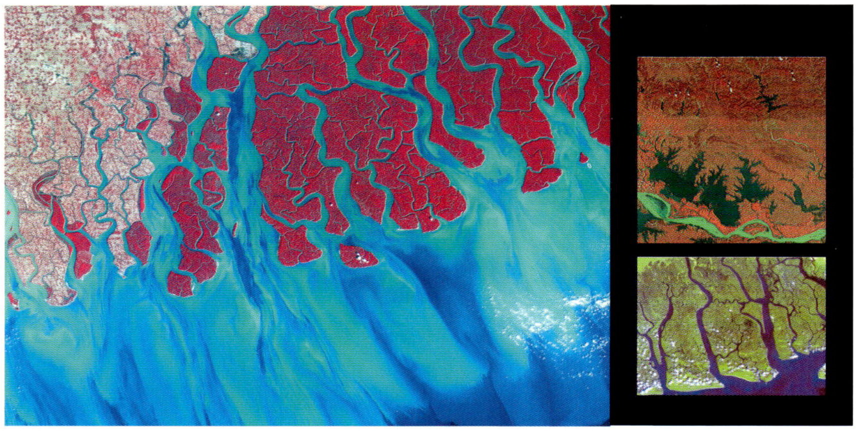

Große Flüsse

Die Veränderungen des Laufs der Flüsse können aus dem Weltall sehr gut verfolgt werden. Die Bilder zeigen von links nach rechts die Mündungen des Ganges in Bangladesch (Sundarbans), den Unterlauf des Yangtse zwischen Wuhan und Nanjing (oben) und das Mündungsdelta des Niger bei Port Harcourt (Nigeria).

Quelle: NRSA, DLR, Hugin; IRS, MOMS, Landsat-7 ETM+

Wüste

Nach einem der seltenen Regenfälle führt der ansonsten trockene Lake Carnegie (links) am Rande der Gibsonwüste wieder Wasser. Die spärliche Vegetation (in Grüntönen) blüht nach dem Regen wieder auf. Erodierte Sedimentformationen (rechts) durchbrechen die Sanddünen in der Sahara. Die breiten dunkleren Bänder sind Längsdünen, die mehrere 100 Kilometer lang sein können. Die schmalen roten Streifen sind die Reflexionen der scharfen Dünenoberkanten.

Quelle: USGS/EROS Data Center, NASA; Landsat-7 ETM+, SIR-C/X-SAR

Rann of Kachchh, Indien

Das Grenzgebiet zwischen der indischen Provinz Gujarat und Pakistan ist ein Teil der Wüste Thar und immer wieder Schauplatz von Scharmützeln zwischen den Armeen dieser Länder. Große, die meiste Zeit des Jahres trockene Salzseen (links) und dünn besiedelte staubige Ebenen (rechts) kennzeichnen die Landschaft.

QUELLE: NRSA; IRS

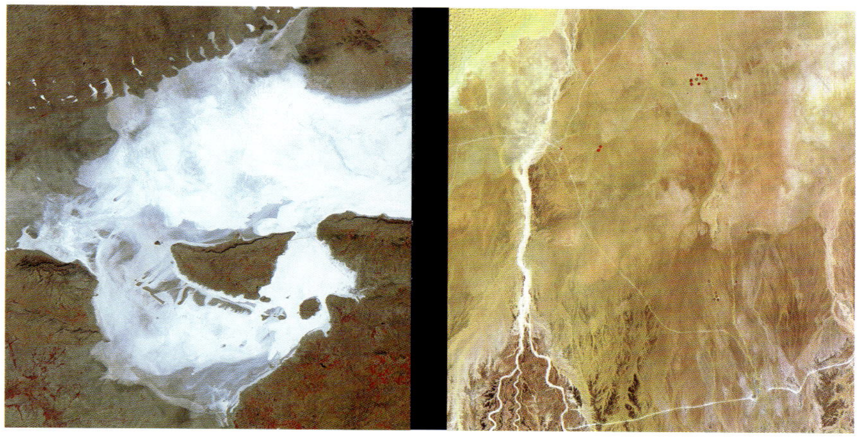

Zentralthailand

Die Tafelberge in der Bildmitte und am rechten Rand sind Überreste eines einstmals viel größeren Plateaus, das durch Erosion aufgelöst wurde. Auf dem linken Plateau liegt der Nationalpark Phu Kradung im nördlichen Zentralthailand.

QUELLE: NASA; SIR-C/X-SAR

Entwicklungsplanung in China

Die Planung und Kontrolle staatlicher Entwicklung kann durch Satelliten optimal unterstützt werden:
Die Erfassung der Strandgebiete in der nördlichen Jiangsu-Provinz (links) ist so wesentlich einfacher. Nach heftigen Regenfällen im Juni 1996 trat der Dongting-See (rechts) über seine Ufer. Teilweise waren nur noch die erhöhten Feldraine zu sehen. Das Bild erlaubt die Abschätzung der Schäden für die Landwirtschaft.

QUELLE: CHINA RSGS; LANDSAT TM

Tienschan, China

Während einer speziellen Mission, in der die beiden Satelliten ERS-1 und ERS-2 in Tandemformation flogen, wurden Daten der Radarsensoren aus dem nordchinesischen Tienschan-Gebirge erfasst und zu einem digitalen Höhenmodell weiterverarbeitet.

Quelle: DLR / ESA; ERS-1/2 Tandem, 1999

Ablagerungen

Wie das Fossil eines Vogels aus der Urzeit ragen die Felsen der Mac Donnell Ranges (links) in Australien aus der Einöde. Die Suche nach Bodenschätzen wird durch solche detailreichen Bilder sehr unterstützt.

Die brennenden Ölquellen verschmutzen die Wüste nahe Kuwait City (rechts). Durch die Veränderung der Textur der Sandflächen sind die Rußpartikel auch im Radarbild deutlich zu erkennen.

Quelle: USGS/EROS Data Center, NASDA; Landsat-7 ETM+, JERS

Vulkanismus

Im Altiplano im Norden Chiles treffen sich Platten unter stark unterschiedlichen Winkeln. Sedimentschichten wurden steil aufgefaltet und erodierten. Pyroklastisches Material auf diesen Flächen lässt das Gebiet teilweise flach erscheinen. Der Vulkan Sakurajima auf der Insel Kyushu (Japan), seit 1955 ständig aktiv, bildet eine Halbinsel in der Mitte der Kagoshima-Bucht. Radarsatelliten erkennen wichtige Aktivitätsindikatoren: Höhenänderungen im Zentimeterbereich.

Quelle: NASA; Terra ASTER, SIR-C/X-SAR

Vulkane

Die Kette der Virunga-Vulkane (3000 – 4500 m, links) an der Grenze zwischen Ruanda, Demokratischer Republik Kongo und Uganda ist die Heimat der letzten Berggorillas unseres Planeten.
Der Vulkan Kljucevskaja Sopka (4750 m, Mitte links) auf der Halbinsel Kamtschatka ist einer der aktivsten Vulkane der Erde. Sein letzter großer Ausbruch fand im Jahre 2000 statt. Kamtschatka (rechts) gehört zum »zirkumpazifischen Feuergürtel«, einer Kette von aktiven Vulkanen rund um den Pazifik.

In den südamerikanischen Anden liegen die höchsten Vulkane der Erde. Die Bildmitte wird dominiert vom Cerro Luxsar und den dunkel gefärbten Lavaflächen des Pampa Luxsar. Deutlich erkennbar sind auch die Stratovulkane Olca und Paruma (Mitte rechts).

Quelle: NASA; SIR-C / X-SAR, Terra ASTER

Geologisches Feuerwerk im Zentraliran

Durch die Bildmitte zieht sich das System der Neh-Verschiebung mit ihren zahlreichen Tochterverwerfungen im Grenzbereich der arabischen/asiatischen Kontinentalkollision. Die Farbigkeit dieser Wüstenszene spiegelt die mannigfaltigen Gesteine wider, die durch die gewaltigen seismischen Kräfte an die Oberfläche befördert wurden.

Quelle: GAF; Landsat TM

Der Optimist

Ein unbeugsamer einsamer Farmer – genannt »der Optimist« –, ringt der unwirtlichen Kalahari im Osten Namibias seine Ernte ab. Das bewässerte Feld ist als kleiner roter Kreis an der Gabelung zweier Trockentäler in der Bildmitte zu erkennen.

Quelle: USGS/EROS Data Center; Landsat-7 ETM+

Die große Leere

Die Wüste Rub-al-Khali in Saudi-Arabien ist eine der unwirtlichsten und trockensten Gegenden dieser Erde. Nur wenige Beduinen durchstreifen sie. Sie kennen in ihrer Sprache viele spezielle Namen für die verschiedenen Typen von Dünen.

Quelle: NRSA; IRS

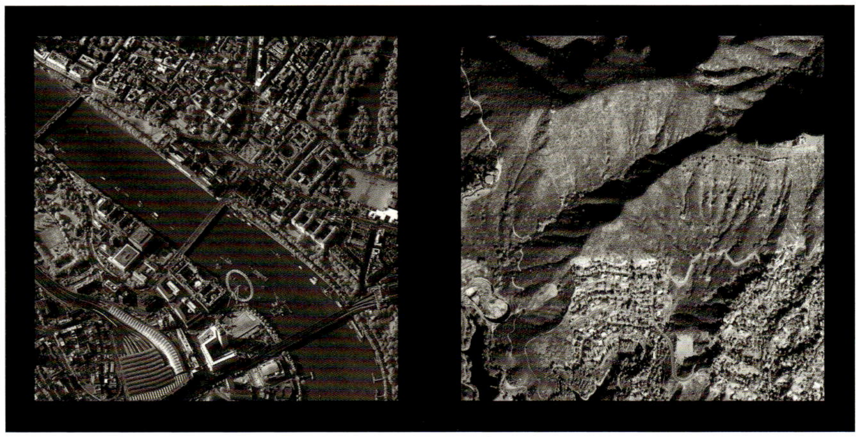

Zeichen der Zeit

Ein Blick aus der Höhe eines Satelliten zeigt ungeahnte Details: der weltbekannte Schriftzug in den Bergen über Hollywood (rechts) grüßt nicht nur die Besucher der Stadt, sondern auch die Astronauten. Auch der Millennium Dome und das Riesenrad British Airways London Eye am Ufer der Themse in London (links) sind aus 700 Kilometern Höhe sehr gut zu erkennen.

Quelle: Space Imaging; IKONOS, 1m Auflösung

Wassertemperaturen

Die Infrarotkanäle der Wettersatelliten reagieren stark auf die Temperaturen von Wasseroberflächen. Das linke Bild zeigt die Wassertemperaturen der Großen Seen in Nordamerika. Strömungen und die Zuläufe aus den Flüssen durchmischen das Wasser der Seen.
Die rechte Bildfolge zeigt Veränderungen der Oberflächentemperaturen des Mittelmeers durch einströmendes kaltes Atlantikwasser in der Straße von Gibraltar und durch den Mistral in Südfrankreich.

Quelle: DLR; NOAA-14 AVHRR (2), NOAA-12 AVHRR

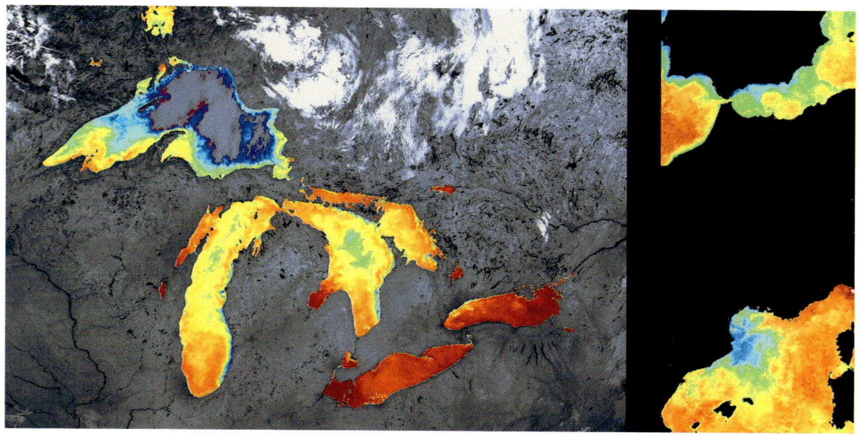

Ödland in Nordchina

Regenfälle und Schmelzwässer haben über Jahrtausende diese ausgeprägten fächerförmigen Strukturen in den nördlichen Vorbergen des Altun Shan erzeugt. Bilder dieser Art werden auch zur Unterstützung der Suche nach Bodenschätzen verwendet.

Quelle: China RSGS; Landsat TM

Spuren

Spuren von militärischen Konflikten sind sogar aus dem Weltall zu erkennen: Entlang der Grenze zwischen dem Irak und dem Iran erstrecken sich militärische Schutzwälle und Dämme u.a. aus der Zeit des Bruderkriegs zwischen diesen Ländern. Das Satellitenbild rechts zeigt die Spuren von Buschfeuern in der Tanami-Wüste, einem Teil der Großen Sandwüste im australischen Northern Territory.

Quelle: USGS/EROS Data Center; Landsat-7 ETM+

Altun Shan, China

Wie eine Insel ragt eine Erhebung aus einer großen Salzfläche im Süden des Altun Shan in Nordchina. Wenn in den Bergen Regen fällt, kann die Salzfläche überschwemmt werden und sich ein Salzsee bilden.

Quelle: NRSA; IRS

Städte am Meer

Das Schachbrettmuster der City von San Diego (USA) dominiert das Bild. Im unteren Bildteil ist der Jachthafen zu erkennen.
Das mondäne Seebad Cannes (Frankreich) liegt malerisch an der Côte d'Azur. Seine Strände und der Jachthafen genießen Weltruhm.

Quelle: Space Imaging; IKONOS, 1m Auflösung

Wirbel

Über dem Mittelmeer entstehen im Frühjahr als Folge von Kaltlufteinbrüchen Tiefdruckgebiete, an deren Vorderseite der auch als Schirokko bekannte Wüstenwind weht. Zwei große Wirbel, so genannte Eddies (rechts), mit Durchmessern von 40 und 60 Kilometern, rotieren im Weddellmeer. Die Farbgebung ist willkürlich und resultiert aus der unterschiedlichen Polarisation und Stärke des rückgestreuten Radarsignals. Es gibt Hinweise auf Dicke und Alter der Eisschollen.

Quelle: DLR, NASA; Terra MODIS, SIR-C/X-SAR